FILOSOFIA DA EDUCAÇÃO MATEMÁTICA

⊞ COLEÇÃO TENDÊNCIAS EM EDUCAÇÃO MATEMÁTICA

FILOSOFIA DA EDUCAÇÃO MATEMÁTICA

Maria Aparecida Viggiani Bicudo
Antonio Vicente Marafioti Garnica

5ª edição

autêntica

Copyright © 2001 Os autores

Todos os direitos reservados pela Autêntica Editora Ltda. Nenhuma parte desta publicação poderá ser reproduzida, seja por meios mecânicos, eletrônicos, seja via cópia xerográfica, sem a autorização prévia da editora.

COORDENADOR DA COLEÇÃO TENDÊNCIAS EM EDUCAÇÃO MATEMÁTICA
Marcelo de Carvalho Borba
(Pós-Graduação em Educação Matemática/Unesp, Brasil)
gpimem@rc.unesp.br

CONSELHO EDITORIAL
Airton Carrião (COLTEC/UFMG, Brasil), Hélia Jacinto (Instituto de Educação/Universidade de Lisboa, Portugal), Jhony Alexander Villa-Ochoa (Faculdade de Educação/Universidade de Antioquia, Colômbia), Maria da Conceição Fonseca (Faculdade de Educação/UFMG, Brasil), Ricardo Scucuglia da Silva (Pós-Graduação em Educação Matemática/Unesp, Brasil)

EDITORAS RESPONSÁVEIS
Rejane Dias
Cecília Martins

REVISÃO
Erick Ramalho

CAPA
Diogo Droschi

DIAGRAMAÇÃO
Camila Sthefane Guimarães

Dados Internacionais de Catalogação na Publicação (CIP)
(Câmara Brasileira do Livro, SP, Brasil)

Bicudo, Maria Aparecida Viggiani
Filosofia da Educação Matemática / Maria Aparecida Viggiani Bicudo, Antonio Vicente Marafioti Garnica. -- 5. ed. -- Belo Horizonte : Autêntica, 2021. -- (Coleção Tendências em Educação Matemática).

Bibliografia.
ISBN 978-85-513-0752-6

1. Educação - Filosofia 2. Educação - Finalidades e objetivos 3. Matemática - Estudo e ensino - Filosofia 4. Professores - Formação profissional I. Garnica, Antonio Vicente Marafioti. II. Borba, Marcelo de Carvalho. III. Título IV. Série.

19-31973   CDD-510.7

Índices para catálogo sistemático:
1. Matemática : Estudo e ensino 510.7
Maria Alice Ferreira - Bibliotecária - CRB-8/7964

Belo Horizonte
Rua Carlos Turner, 420
Silveira . 31140-520
Belo Horizonte . MG
Tel.: (55 31) 3465 4500

São Paulo
Av. Paulista, 2.073 . Conjunto Nacional
Horsa I . Sala 309 . Cerqueira César
01311-940 . São Paulo . SP
Tel.: (55 11) 3034 4468

www.grupoautentica.com.br
SAC: atendimentoleitor@grupoautentica.com.br

Os autores e o coordenador da coleção agradecem à Ana Paula Purcina Baumann pelo excelente trabalho de revisão que efetuou para esta edição.

Nota do coordenador

A produção em Educação Matemática cresceu consideravelmente nas últimas duas décadas. Foram teses, dissertações, artigos e livros publicados. Esta coleção surgiu em 2001 com a proposta de apresentar, em cada livro, uma síntese de partes desse imenso trabalho feito por pesquisadores e professores. Ao apresentar uma tendência, pensa-se em um conjunto de reflexões sobre um dado problema. Tendência não é moda, e sim resposta a um dado problema. Esta coleção está em constante desenvolvimento, da mesma forma que a sociedade em geral, e a, escola em particular, também está. São dezenas de títulos voltados para o estudante de graduação, especialização, mestrado e doutorado acadêmico e profissional, que podem ser encontrados em diversas bibliotecas.

A coleção Tendências em Educação Matemática é voltada para futuros professores e para profissionais da área que buscam, de diversas formas, refletir sobre essa modalidade denominada Educação Matemática, a qual está embasada no princípio de que todos podem produzir Matemática nas suas diferentes expressões. A coleção busca também apresentar tópicos em Matemática que tiveram desenvolvimentos substanciais nas últimas décadas e que podem se transformar em novas tendências curriculares dos ensinos fundamental, médio e superior. Esta coleção é escrita por pesquisadores em Educação Matemática e em outras áreas da Matemática, com larga experiência docente, que pretendem estreitar as interações entre a Universidade – que produz pesquisa – e os diversos cenários em que se realiza essa educação. Em alguns livros, professores da educação básica se tornaram também autores. Cada livro indica uma extensa bibliografia na qual o leitor poderá buscar um aprofundamento em certas tendências em Educação Matemática.

Neste livro, Maria Aparecida Viggiani Bicudo e Antonio Vicente Marafioti Garnica apresentam ao leitor suas ideias sobre Filosofia da Educação Matemática. Eles propiciam ao leitor a oportunidade de refletir sobre questões relativas à Filosofia da Matemática, à Filosofia da Educação e apontam algumas das questões que ajudam a configurar a Filosofia da Educação Matemática.

Marcelo de Carvalho Borba[*]

---

[*] Marcelo de Carvalho Borba é licenciado em Matemática pela UFRJ, mestre em Educação Matemática pela Unesp (Rio Claro, SP) doutor, nessa mesma área pela Cornell University (Estados Unidos) e livre-docente pela Unesp. Atualmente, é professor do Programa de Pós-Graduação em Educação Matemática da Unesp (PPGEM), coordenador do Grupo de Pesquisa em Informática, Outras Mídias e Educação Matemática (GPIMEM) e desenvolve pesquisas em Educação Matemática, metodologia de pesquisa qualitativa e tecnologias de informação e comunicação. Já ministrou palestras em 15 países, tendo publicado diversos artigos e participado da comissão editorial de vários periódicos no Brasil e no exterior. É editor associado do ZDM (Berlim, Alemanha) e pesquisador 1A do CNPq, além de coordenador da Área de Ensino da CAPES (2018-2022).

Sumário

Prefácio à quarta edição 11

Introdução 15

Capítulo I
Filosofia da Educação Matemática: o contexto 19
Filosofia 21
Filosofia da Educação 25
Filosofia da Matemática 36
Filosofia da Educação Matemática 42
Filosofia da Educação Matemática em construção:
um pouco de sua trajetória histórica 44
Resumindo e apontando 48

Capítulo II
Educação, Matemática e Linguagem: esboço de
um exercício em Filosofia da Educação Matemática 51
O contexto 51
Linguagem matemática: de discursos e do
exame hermenêutico como possibilidade de ação 54
Uma crítica à abordagem dedutiva
e formal como proposta pedagógica 67
Técnica e crítica: a prova rigorosa e o estilo matemático 71
Etnoargumentações: ultrapassando o panorama eurocêntrico 79
Resumindo e apontando 82

Palavras finais 85

Referências 87

Outros títulos da coleção 93

Prefácio à quarta edição

Esta quarta edição do livro *Filosofia da Educação Matemática* que ora está sendo dada ao público foi cuidadosamente revisada por nós, seus autores. Nossa revisão se pautou em muitas perguntas que nos foram dirigidas por alunos de graduação de cursos de licenciatura e de pós-graduação, solicitando esclarecimentos, e em sugestões de colegas ao se proporem a nos ajudar na árdua tarefa de deixar claro o que, por sua própria condição, é obscuro: o dito pela palavra (oral e escrita).

Cientes da impossibilidade de, como humanos, sermos claros e transparentes, mas não querendo nos abster de tal tarefa, entendida como norte e não como ponto de chegada, empenhamo-nos no trabalho. Mas não sem resistência para que pudéssemos sair do estado de inércia. Vicente e eu, inicialmente, fomos tomados pelo desânimo de voltar ao feito e produzido, uma vez que estávamos em outro momento de nosso pensar e investigação e considerávamos que não devíamos retomar a reedição do livro. O coordenador da coleção Tendências em Educação Matemática, Marcelo de Carvalho Borba, insistia para que fizéssemos a revisão, pois, segundo seu entendimento, o livro é importante para a formação de professores em Educação Matemática. Depois de conversarmos um pouco mais, cheguei à conclusão de que gostaria de melhorar o primeiro capítulo, já que, ao lecionar Filosofia da Educação Matemática para uma turma de doutorandos do curso de Educação Matemática, compreendi que seria bom expandir considerações sobre Filosofia da Matemática. Ao encaminhar ao Vicente o que havia feito, apontando aspectos que se destacaram como importantes nessa minha releitura, ele o retomou, agora reacendendo o *insight* inicial que nos levou a escrever sobre esse tema pela primeira vez. Nesse e desse movimento de idas e vindas a presente edição se constituiu.

Consideramos importante que a comunidade de educadores matemáticos perceba que o trabalho comprometido com a educação exige mais do que recursos didáticos e conhecimento de ciências, como a própria Matemática, Didática, Psicologia, Sociologia, Antropologia, Linguística e outras que possam fornecer subsídios para esse trabalho, embora não possa prescindir delas. É preciso que dúvidas se instalem sobre a certeza e que o pensar para além do aparentemente correto avance, perseguindo perguntas sobre questões do conhecimento, sua produção e o solo em que se assenta, e, certamente, sobre esse próprio solo, ou seja, sobre a realidade em que, como humanos, nos movimentamos. Sabemos que, ao nos abrirmos a essas indagações, o campo da ética se mostra, revelando o meio-fio da incerteza em que somos chamados a nos equilibrar, sem um porto seguro que dê conta de uma última e correta resposta, mas também sem cairmos prisioneiros do ceticismo que pode levar a uma situação de negação. Abre-se o campo do desafio de vivermos com incertezas na busca de melhores opções para nós, para os outros, para a vida.

É nesse cenário que o pensar filosófico se instala e produz frutos. Entendemos que, individualmente, somos sempre chamados a ponderar sobre incertezas e tomar decisões, escolhendo caminhos. Porém, como profissionais da Educação, é preciso que efetuemos cotidianamente esse exercício, de maneira comprometida. Conforme nossa compreensão, este livro, de maneira introdutória, contribui com a abertura do horizonte em que esse modo de olhar e agir se instalam.

Uma leitura atenta revelou-nos descontentamento com modo pelo qual havíamos escrito certas passagens, levando-nos a reescrevê-las, ampliando o debate e aprofundando certos assuntos. Esse é o caso, por exemplo, da discussão a respeito de ciência e de se Filosofia é ou não ciência. Aprofundamos informações e discussão sobre correntes em Filosofia da Educação e em Filosofia da Matemática. Ao mesmo tempo, deparamo-nos com maneiras de dizer que já não nos pareciam apropriadas e, assim, refizemos páginas e páginas. A verificação e a uniformização da lista de referências mostraram-se necessárias. Esta foi efetuada com rigor por Ana Paula Purcina Baumann, doutoranda do Programa de Pós-Graduação em Educação Matemática da Unesp de Rio Claro, a quem agradecemos o trabalho dessa revisão, bem como daquela que pôs sob foco pequenos erros de digitação e falta de sentido em algumas passagens, que foram por nós retomadas.

Agradecendo ao Marcelo pela insistência e pela oportunidade que nos foi dada para retomarmos o por nós pensado e escrito e à Ana Paula pela paciência e competência no trabalho de revisão efetuado, oferecemos a presente edição aos que quiserem conosco adentrar pela arena da Filosofia da Educação Matemática.

Maria Aparecida Viggiani Bicudo

Introdução

Escrever um livro sobre Filosofia da Educação Matemática, no Brasil, é uma tarefa que se impõe como necessária perante o desenvolvimento da Educação Matemática, vista tanto como região de inquérito quanto como área de atuação de profissionais que trabalham o ensino de Matemática visando à formação de cidadãos capazes de raciocinar criticamente em contextos socialmente definidos.

O amadurecimento de uma área faz-se sentir pela zona de densidade que a envolve, quando são encontrados conceitos, concepções e questões que se superpõem, entrelaçam-se, criando a impossibilidade de se ver com clareza do que e de qual perspectiva se fala. Essa situação inicial de nebulosidade pode motivar o surgimento de uma comunidade disposta a expor-se, a perguntar-se, a explorar estratégias e perspectivas, a configurar de modos de pensar e fazer. Essa é perspectiva da Educação Matemática e os caminhos que ela trilha começam a mostrar-se com maior clareza. Há matemáticos, pedagogos, psicólogos, sociólogos e outros profissionais estudando e expondo explicações e propostas sobre o ensino e a aprendizagem da Matemática, sobre a realidade de seus objetos e respectivas características epistemológicas, sobre cognição e processos cognitivos que explicam a produção do conhecimento, sobre os fundantes desse conhecimento, sobre a linguagem matemática e suas características simbólicas, etc. Muitas questões já exigem uma atenção maior que aquela dedicada às primeiras ideias ou a um panorama geral no qual essas ideias foram se mostrando significativas.

Clamam por aprofundamento de estudos e por expansão de aplicações e inserções nas propostas pedagógicas.

Esse é o caso específico da Filosofia da Educação Matemática. Não é mais sustentável e aceitável um discurso que se refira às diversas faces da Educação Matemática, abordando concepções e teorias de modo apressado a respeito dos fins da Educação, de características da realidade dos objetos matemáticos, da linguagem matemática, de uma epistemologia que dê conta da produção do conhecimento matemático e de outros desse tipo e porte.

É preciso que tais questões sejam tratadas na visão das disciplinas específicas que delas se ocupam, porém da perspectiva do aspecto pedagógico. Sendo elas de fundo filosófico e matemático, devendo ser tratadas no contexto da Educação, tornam-se apropriadas ao tratamento da Filosofia da Educação Matemática.

Este livro é ambíguo. Ao mesmo tempo é pretensioso e sem pretensão. Pretensioso, pois está apresentado de modo a conceber Filosofia da Educação Matemática em um momento em que, no Brasil – e não só –, ela está se constituindo como região de inquérito definida. É sem pretensão, porque seus autores estão cientes de ser essa uma pequena introdução ao assunto, para aqueles que estão na Educação Matemática ou que por ela têm algum interesse.

No primeiro capítulo são tratados aspectos tidos como importantes para a Filosofia, para a Filosofia da Educação e para a Filosofia da Matemática, dando-se relevo às perguntas orientadoras que norteiam as investigações nessas áreas e indicando como convergem e se transmutam na Filosofia da Educação Matemática. Buscando seu contexto histórico, são trazidos, a título de exemplificação, trabalhos efetuados por diferentes autores em Filosofia da Educação Matemática a partir de 1980.

No segundo capítulo apresenta-se um exercício enfocando linguagem e Educação Matemática. Trabalha-se de modo cuidadoso a análise de textos matemáticos, considerando seus aspectos relativos à ciência matemática e aqueles concernentes à prática pedagógica. Dessa ótica, por se enfatizarem ambos os aspectos, enfocam-se questões de cunho ideológico e aponta-se a força da visão eurocêntrica da Matemática, procurando lacunas que permitam ampliar esse modo de compreender essa ciência, bem como as práticas sociais sustentadas e pontuadas por ela e modos de agir que se caracterizam como procedimentos matemáticos. Olhadas a partir de sua dimensão pedagógica, linguagem e Matemática adquirem novos contornos, possibilitando que se tenham presentes as etnoargumentações como participando do núcleo do processo de ensino e de aprendizagem de Matemática.

Esse exercício é escrito na primeira pessoa do plural por ser uma explicitação, a que chamamos esboço, da trama teórica mais ampla tecida até então.

Capítulo I

Filosofia da Educação Matemática: o contexto

Filosofia da Educação Matemática é uma região de inquérito e de significação que vem se constituindo ao longo da história da educação ocidental. Particularmente obteve maior vigor com todo o movimento de ensino da Matemática, na medida em que, ao educar sempre, são formuladas perguntas sobre o que ensinar, por que ensinar e para quem ensinar. Entretanto, tem aparecido com essa denominação muito recentemente.

No âmbito da Educação, olhada da perspectiva de sua área de investigação e de fundo conceitual, onde as teorias a ela concernentes se enraízam e movimentam, a Filosofia da Educação aparece com destaque. É a ela que compete o levantamento de perguntas cruciais como: "Para que educar?"; "O que é isto, a educação?"; "Que valores devem nortear o ato educador?"; "que metas devem conduzir a política educacional de uma nação?"; "Que concepção de conhecimento conduz de modo mais apropriado os processos de ensino e de aprendizagem?"; "Que concepções e ideologias são veiculadas nos discursos educacionais?".

Pode-se afirmar que à Filosofia da Educação cabe perseguir interrogações básicas sobre o humano e a Educação, na medida em que trabalha com as questões concernentes às metas e aos objetivos da Educação; ao conhecimento e à direção das respectivas ações desenvolvidas para deles (do conhecimento e das ações) tratar em nível de educação proposital; aos valores e respectivas atitudes e decisões assumidas pelos agentes educadores.

Esses temas são abrangentes e, muitas vezes, confundem-se com a própria educação,[1] principalmente quando são tratados de modo superficial ou quando se perdem nas falas ingênuas que sempre ocorrem no cotidiano, escolar ou não. Por serem importantes, também aparecem em discursos da Psicologia da Educação, da Sociologia da Educação, da Didática e de outras áreas que têm como tema a aprendizagem, o ensino, o contexto social, histórico e cultural no qual a educação se dá.

Entretanto, por uma questão de postura consequente, proveniente do rigor que deve pautar as investigações científicas, é preciso que se tenham claras as características da região de inquérito que acolhe, no seu cerne, as interrogações e os modos característicos de persegui-las e explicitá-las.

Suponha-se, por exemplo, que o tema de investigação seja a aprendizagem e que, além dos conhecimentos e recursos da Psicologia, sua abordagem clame por conhecimentos filosóficos, antropológicos, sociológicos e pedagógicos. Essa é uma prática amplamente aceita e desejada para que não se caia em um modo superficial e estreito de se conceber "a aprendizagem vista no âmbito da ciência *Psicologia*". Porém, não significa que se esteja fazendo Filosofia, Antropologia, Sociologia, Pedagogia. E, ainda, apenas tomar emprestado dessas ciências passagens de textos ou conclusões de estudos, sem que haja análise e crítica da obra utilizada à luz da investigação central da pesquisa em foco que, nesse exemplo, refere-se à aprendizagem revela falta de rigor, de responsabilidade e de ética científica.

Pergunta-se: por que não se estaria fazendo Filosofia, em especial, Epistemologia, ao investigar-se a Aprendizagem de um ponto de vista psicológico? Essa pergunta remete a aspectos significativos da constituição de uma região de inquérito. São aqueles concernentes aos procedimentos de pesquisa, à lógica da investigação, à amplitude

---

[1] Educação é escrita com letra inicial maiúscula quando se refere à região de inquérito que tem a educação como foco; com letra inicial minúscula quando diz de práticas e de modos de proceder que se caracterizam como educacionais.

do universo em que a pergunta é tratada, aos modos de explicitação e respectiva linguagem utilizada.

Na ciência positivista, de herança cartesiana, dominante na civilização ocidental na época moderna e ainda significativa nos dias atuais, para definir-se uma ciência é necessário determinar seu objeto de estudo, limitar seu campo de investigação e explicitar seus métodos.

Há sentido nessas exigências quando se visa à clareza necessária para o desenvolvimento de uma investigação efetuada em nível científico. Porém são passíveis de críticas quando são assumidas como as únicas que definem ou constituem uma ciência e como modos de proceder a investigações mediante modelos padronizados de investigação. Tornam-se mais questionáveis quando seguem a máxima de que o objeto de estudo da ciência deve restringir-se a fatos observáveis, quantificáveis e passíveis de experimentação e que a postura do investigador deve ser neutra.

A observação feita no parágrafo anterior é importante porque contribui para a explicitação do que se entende por ciência e por região de inquérito, conduzindo, também, à discussão sobre os campos da Filosofia, da Filosofia da Educação, da Filosofia da Matemática e da Filosofia da Educação Matemática, temas deste livro conforme o entendimento dos seus autores.

Filosofia

A Filosofia, muitas vezes e sob certas perspectivas, como aquela da ciência positivista, não é vista como ciência, pois não tem objeto que atenda aos quesitos de observação, quantificação, experimentação e neutralidade. Compreender ou não a Filosofia como ciência ou como produzida por uma investigação rigorosamente científica é uma decisão que diz respeito ao significado de ciência e de conhecimento que possam ser aceitos como transcendentes à opinião e embasados em princípios que justifiquem suas afirmações.

A concepção positivista de ciência, ainda que tenha imperado por alguns séculos e seja bem aceita até hoje, não é a única diretriz possível a reger as práticas de cientistas em geral, de educadores, artistas e filósofos mais especificamente. A partir de meados do século

XIX questionamentos colocados por historiadores, filósofos e literatos a respeito do objeto de estudos das ciências com as quais trabalhavam e procedimentos para efetuarem investigações levaram à modificação do modo de compreender ciência, ou, pelo menos, criou-se a possibilidade de não concebê-la apenas em uma dimensão e segundo um modelo rígido com valores específicos e claros de neutralidade, objetividade e experimentação. As indagações e debates desses estudiosos trouxeram para o cerne da lógica da produção científica questões sobre linguagem, cultura e história,[2] as quais, aos poucos, foram se fortalecendo e ganhando corpo com os avanços dos conhecimentos das próprias ciências exatas, como resposta às solicitações do mundo atual. Esse movimento conduziu a modificações dos modos de se conceber ciência e, com ela, a realidade e o conhecimento.

Essa lógica aos poucos construída deu sustentação para que se aceitassem procedimentos que conduzem à construção do conhecimento apoiada em critérios de rigor que abranjam aspectos históricos, discursivos e que admitam a presença do pesquisador como parte da própria pesquisa; ou seja, como elemento da produção do conhecimento com suas perspectivas e procedimentos adotados para a investigação. Essa concepção trouxe consigo a exigência de rigor observado e explicitado a cada passo da investigação. Exigiu esclarecimentos sobre os modos de obter dados, de analisar, de interpretar, de generalizar resultados obtidos, de elaborar argumentações que não se colocam linearmente, mas aproveitam argumentos contrários, às vezes incompletos e insatisfatórios, e procuram falsificá-los, testá-los em seus limites, articulá-los em torno de uma ideia mantida pelo autor, que explicita sua lógica para que o leitor possa seguir o movimento de pesquisa.

Nessa perspectiva, pode-se conceber a Filosofia como ciência ou como investigação científica rigorosa. Essa é a concepção de Filosofia assumida neste texto. Vejamos, então, como compreender Filosofia.

O pensar filosófico caracteriza-se por ser analítico, crítico, reflexivo e abrangente. A reflexão, aspecto constituinte da Filosofia, não se confunde com imaginação ou fantasia sobre mundos possíveis, nem

---

[2] Para maior compreensão sobre essa afirmação ver Bicudo (2005).

com a criação de mundos logicamente compatíveis e coerentes, nem com a formulação de ponderações a respeito de fatos e acontecimentos. Reflexão é a ação de pensar *sobre* algum acontecimento, texto, proposta, realização, enfim, algo que está no nível mundano, isto é, no nível do humano, e que está causando perplexidade, estranheza e solicitando por esclarecimento para que se torne compreensível, ou seja, para que faça sentido.

É um pensar sistemático que se dá no contexto de exigências postas por um trabalho hermenêutico[3] que viabilize a interpretação de textos,[4] que considere o contexto social, histórico e cultural em que foi gerado, a história de vida do seu autor, os significados das palavras e da linguagem que o veiculam, a ideologia que o permeia. É um pensar que se dá, também, em termos do desenvolvimento do enredo lógico do discurso veiculado, no texto, atentando para a construção dos argumentos, para sua sustentação e para a transparência dos passos dados para encadear, articuladamente, esses argumentos.

A reflexão é, portanto, sustentada por um trabalho analítico e crítico efetuado sobre o assunto em questão e que transcende a análise e a crítica ao visar seu significado em uma dimensão universal. *Universal* entendido no sentido de busca de uma compreensão totalizante e não parcial, segmentada ou pontual do que está sendo analisado. Não se refere, portanto, à generalização estatística passível de ser obtida num jogo entre dados e testes.

---

[3] Hermenêutica refere-se à interpretação. O vocábulo "hermenêutica" significa principalmente "expressão" (de um pensamento); daí significar "explicação" e, sobretudo, "interpretação do pensamento". Ao longo de sua história, que se reporta a Platão e Aristóteles, a hermenêutica tem sido concebida de diferentes modos. Como exegese, é muito usada na interpretação de textos sagrados, quando significa interpretação doutrinal e interpretação literal. Como uma interpretação baseada em um conhecimento prévio dos dados históricos, filológicos etc., da realidade que se quer compreender e que ao mesmo tempo confere sentido a esses dados. Como um modo de compreensão das ciências humanas e da história por abranger a interpretação da tradição, nesse sentido, a hermenêutica é concebida como o exame das condições em que ocorre a compreensão. Nesse exame a linguagem é fundamental e é entendida como um acontecimento em cujo sentido quer-se penetrar, sendo essa uma posição mantida por Hans Georg Gadamer. Também é entendida como hermenêutica crítica que atende à exigência da crítica da ideologia exposta por Habermas. Pode ainda ser entendida como análise linguística. Esse tema será retomado com maior detalhamento no decorrer deste trabalho.

[4] Texto está sendo tomado em sentido amplo, naquele de uma situação articulada na qual estão postos autores, ações, intervenções. Há fala, linguagem e diálogo possível (presencial ou não). Há troca e fundo perceptual que o sustentam em termos de espacialidade e temporalidade.

Sendo assim, a reflexão filosófica materializa-se em um discurso tecido pelas análises hermenêuticas efetuadas, pelas críticas, cujas argumentações e respectivas justificativas são explicitadas, e pela transcendência desse movimento conseguida mediante uma exposição do significado desvendado ou visto de modo esclarecedor. É importante para sustentar ações, intervenções, decisões. Seu processo contribui para o entendimento do conhecimento sobre o mundo, do cultural, do das ciências, do mundo da tecnologia, daquele da religião, da arte, do humano.

É nesse sentido que a Filosofia leva à sabedoria. Sabedoria que está além do saber *como fazer*; que sempre visa ao entendimento do *como se fez* e do sentido que isso que se faz assume na dimensão da vida humanamente vivida e suas respectivas manifestações.

Na história da humanidade a que se tem acesso na civilização ocidental, as interrogações postas com perplexidade carregam consigo questões sobre o que existe, como se conhece isso que existe, o que é o valor. São questões que levam ao terreno da ontologia e da metafísica, o que existe e quais as bases para se ter certeza sobre as afirmações do que se diz conhecer, ao da gnosiologia e epistemologia, como se conhece o que existe e no que se fundamenta a base do conhecimento, ao da axiologia, o que vale tanto em termos de atitudes e ações, portanto da ética, envolvendo a política, como em termos de beleza, portanto da estética.

Note-se que essas interrogações estão no cerne do que movimenta a busca do homem e desdobram-se em muitas vertentes. Estão no horizonte de textos religiosos quando dizem do que existe; no da ciência quando busca tanto pelo que existe quanto pelos fundamentos que garantem que o que se diz existir é passível de credibilidade; da política, quando aponta modos de organizar governos, da ética, quando diz o que é correto ou não em termos de comportamento humano e da sociedade; das artes, quando se emitem julgamentos sobre o belo. Entretanto, é preciso que fique dito que as interrogações podem ser as mesmas ou se parecerem, porém o modo pelo qual se procede para abordá-las, esclarecê-las e obter respostas que façam sentido é diferente conforme a região em que elas, as interrogações, se assentam.

As interrogações postas no âmbito da Filosofia geraram e continuam gerando muitas respostas que se diferenciam nas dimensões tempo e espaço e nas do conceito da ideologia; nos modos de obter-revelar-desvendar-construir-comunicar o conhecimento. Todas elas convergem para uma interrogação que deixa o investigador perplexo: quem é o ser que interroga pelo que existe, pelo que é conhecimento e pelo que vale? Impõe-se, portanto, a grande pergunta de caráter antropológico, "O que é o homem?" e que, interpretada em seu sentido mais profundo, revela-se como sendo de ontologia fundamental, por significar "o que é isto, o homem?".

A interrogação "O que é isto, o homem?" está, de modo explícito ou não, na base da Educação. Solicita o pensar filosófico que traz consigo questões sobre cultura e história, sobre a sociedade e a civilização, conhecimentos gerados pelas Antropologias Física, Cultural e Filosófica, conhecimentos das ciências em geral. É impossível focar-se uma interrogação central da Filosofia sem que as outras não compareçam à discussão.

A seguir destacaremos aspectos do pensamento filosófico que focaliza a Educação, a Matemática e avançaremos para a explicitação desse pensamento na região de inquérito da Educação Matemática, para, então, seguirmos em direção à Filosofia da Educação Matemática.

Filosofia da Educação

A Filosofia da Educação já carrega em seu nome o termo "filosofia", revelando partilhar do mesmo núcleo constitutivo, ainda que revele características próprias, principalmente no concernente à educação.

Da Filosofia, a Filosofia da Educação assume o modo de proceder que remete ao pensar analítico, crítico, reflexivo e abrangente. Trata-se da ação de pensar sobre a educação, buscando pelo sentido que ela faz no contexto mundano, e, indo além, esclarecer *o que é isto, a educação*.

A Filosofia da Educação, por proceder de modo analítico, crítico, reflexivo e abrangente, volta-se para questões que tratam do *como fazer* Educação, de aspectos básicos presentes ao ato educador, como é o caso do ensino, da aprendizagem, de propostas político-pedagógicas, do local onde a educação se dá e, de maneira sistemática e abrangente, as analisa, buscando estender seu significado para o mundo e para o próprio homem.

Entretanto, o pensar filosófico sobre a Educação – e, consequentemente, sobre seus aspectos básicos que se desdobram em muitas possibilidades de ações, intervenções e estudos – somente pode ocorrer com fertilidade e vigor se for fruto de uma perplexidade. Ou seja, é preciso que a educação cause estranheza para aquele que a está enfocando e que já não se perca na homogeneidade do que é familiar no cotidiano vivido. É preciso que apareça causando estranheza e levando a perguntas como "Por que educação?", "O que ela significa para o homem, para a sociedade, para a ciência, a arte, a religião, o Estado?", "Para que educar e com que fim?", "É possível intervir no curso dos acontecimentos humanos, históricos e sociais pela definição e consecução de metas educacionais? Se for, qual a responsabilidade de quem educa e em nome do que toma as decisões concernentes às metas e aos meios?".

Essas são perguntas que estão no solo em que a Filosofia da Educação se movimenta, construindo sua região de inquérito. Isso ocorre na medida em que se proceda com o rigor do pensar filosófico e se trabalhem conteúdos provenientes da Filosofia, das Ciências Humanas e da Educação; que se explicitem análise, interpretação e crítica na forma de uma síntese reflexiva; que se exponha o pensar em linguagem apropriada à expressão do que se tem a dizer; que se construa o discurso segundo a articulação lógica de argumentação, edificado com recursos da hermenêutica, da dialética e sustentado pela busca de clareza de significados.

A educação prescinde da Filosofia da Educação enquanto ação educadora que acontece no nível dos relacionamentos sociais. Do mesmo modo, as Ciências da Educação também podem prescindir do pensar filosófico se ficarem no nível do *como fazer*, ou seja, se sua preocupação se esgotar na procura de conhecer, por exemplo, como a aprendizagem se dá, como se resolvem problemas, como se aprende a ler e a escrever, como se ensina eficazmente a contar etc. Essa prática de permanecer no nível do *saber-como* sem uma reflexão filosófica é caracterizada pela inocência daqueles que se satisfazem com o sucesso da ação efetuada com base nesse saber.

Porém, à primeira estranheza e às perguntas "Por quê?", "Para quê?", "Com que direito?", "Isso está correto? Para quem?", rompe-se aquela prática, e a inocência perde-se para sempre.

É nisso que consiste a Filosofia da Educação: interrogar os fins e os meios da ação educadora. É colocar a prática educacional do nível do *saber fazer* em sintonia com questões como *por que e para que fazer desse modo*. É esse o sentido da prática refletida.

Questões cruciais para a Filosofia, como "O que existe?", "Como se conhece isto que existe?", "O que é o valor?", também são enfocadas pela Filosofia da Educação. A diferença impõe-se na especificação, no "ao que" as questões se dirigem.

"O que existe?", interrogação que indaga sobre a realidade, na Filosofia da Educação assume formas e conteúdos diversos, como: "O que é isto, a Educação?", "Qual a realidade da Educação?", "Como a Educação se constitui?". A interrogação "O que é conhecimento?", na Filosofia da Educação, assume nuanças em torno do significado de conhecimento e dos modos pelos quais o conhecimento é produzido no mundo escolar. Que respostas a Filosofia apresenta a essa pergunta e como cada uma delas repercute em termos de práticas educativas consideradas também de um ponto de vista moral e ético? As respostas e as discussões sobre essas questões, por necessariamente serem críticas e abrangentes, considerarão estudos psicológicos, sociológicos, antropológicos, históricos e outros pertinentes. A Filosofia da Educação assume-os em uma postura crítica e reflexiva, procedendo a uma análise ampla a respeito dos seus pressupostos científicos e de respectivas consequências, tomadas no âmbito do contexto educacional. Essa é uma das práticas dessa região de inquérito.

A interrogação acerca "do que vale" na Filosofia da Educação é dirigida para as questões educacionais como: "O que é o bem?", "Bem, virtude, justiça são ensináveis? São passíveis de serem aprendidas?", "É justo estabelecerem-se metas educacionais?". Em que sentido a afirmação *"educação para todos* é válida?". Significa "educação igual para todos em todos os contextos?", "A quem cabe a responsabilidade da educação: à família, ao Estado? Por quê?".

Por trás das possíveis respostas e *pré-visões* de consequências encontra-se a preocupação com o ser do ser humano, ou seja, com seu modo de ser e com a importância do autoconhecimento dentre as principais metas da Educação.

Tanto a pergunta "*o que é isto, o homem*" quanto as outras interrogações básicas do campo de conhecimento da Filosofia desdobram-se em muitas outras e abrangem aquelas perguntas sobre *o outro* e sobre o significado do *outro,* ou da sociedade, na construção, ou constituição, da pessoa humana. Isso significa que estudos e concepções sobre a constituição do "eu" e sobre o "outro", bem como aquelas a respeito da realidade, do conhecimento e da ética, subjazem aos objetivos educacionais, escolares ou não. É importante que haja consonância entre os fins estabelecidos e as práticas educacionais desenvolvidas ou propostas no projeto pedagógico e atitudes assumidas pelos educadores para que a ação educativa seja coerente. Essa análise é característica da Filosofia da Educação que, certamente, não dá conta de efetivá-la sem colaboração das demais ciências da Educação e de seus respectivos profissionais.

As análises efetuadas na dimensão da Filosofia da Educação variam conforme a linha filosófica assumida. Para esclarecer o leitor, serão oferecidos exemplos que buscam elucidar a afirmação acima, mencionando-se as principais correntes ou linhas em Filosofia da Educação que, historicamente, têm estado presente na *rationalia* dos currículos educacionais. Além desse motivo, essas linhas, perenealismo, essencialismo, progressivismo, construtivismo e fenomenologia, são importantes por permitirem o estabelecimento de pontos de convergência com a Filosofia da Matemática, que são vistos como relevantes nas argumentações sobre Filosofia da Educação Matemática a serem apresentadas ainda neste capítulo. A seguir são expostas observações sumárias sobre essas correntes.

O *perenealismo* e o *essencialismo* têm, em sua história, pensadores como Platão e Aristóteles, cujas concepções de realidade, de conhecimento e de valor encontram-se na base de currículos que explicitam propostas educacionais que as assumem. Perenealismo tem a ver com o que é perene. Essencialismo, com essência. Cabe aqui elucidar que o que é perene e essência não são sinônimos, uma vez que sua constituição é diferente. O que é perene dura, permanece sendo em seus modos próprios de existir, não envolve mudança. Exemplos apropriados de algo perene são os valores como conhecimento, bem, justo. O perene não traz em sua constituição questões sobre a realidade. Essência responde ao cerne do que está sendo focado do ponto de vista de sua realidade. Na linha filosófica do Essencialismo, a essência é tomada no âmbito do significado a ela atribuído na Filosofia platônica. Seguindo Platão, concebe as ideias ou as formas como modelos e realidades verdadeiras como essências, adquirindo a conotação de eternas. Nesse sentido forma-se uma zona de ambiguidade, pois acabam por se superporem valores perenes e verdades eternas. Ambas as linhas têm como motor propulsor o fato de trabalharem no currículo valores duradouros, verdades inquestionáveis, não amoldáveis às variações culturais. No âmbito da Educação, buscam a perfeição, visando a aproximar o ser humano, pelos atos educacionais, o mais possível daqueles valores e verdades.

Embora suas concepções básicas venham da Antiguidade Clássica, encontram-se, na História da Educação da civilização ocidental, modificações no discurso educacional, de maneira que ainda hoje se acham currículos educacionais pautados nessas ideias e nesse modo de proceder, ainda que as assumam e denominem diferentemente do modo pelo qual era efetuado, por exemplo, nos séculos XVIII, XIX e no começo do século XX.

O *progressivismo* pode ser caracterizado como fundado no pragmatismo. É uma corrente da Filosofia da Educação que começa a ser gerada na segunda metade do século XIX e veio se firmando ao longo do século XX, primordialmente na primeira metade desse século. Em seu discurso, assume termos e respectivos significados, como instrumentalismo, experimentalismo, lógica. No seu âmago, está posta toda a polêmica da Ciência Moderna com ênfase na importância que a experiência assume para o conhecimento. Engloba, também, preocupações com questões culturais, biológicas, psicológicas, físicas e antropológicas no que concerne a sua presença na Educação.

A palavra-chave no progressivismo é "experiência", entendida na dimensão do pragma e como dinâmica, temporal, espacial, plural. Sendo assim, o currículo que se sustenta nas concepções do progressivismo busca trabalhar com os aspectos culturais e plurais da realidade, com o caráter dinâmico do conhecimento, com a importância da lógica. Enfatiza o *conhecimento* em vez do *conhecido*, ou seja, destaca o processo e não o produto. Nomes importantes dessa corrente: William James e John Dewey.[5]

O *construtivismo* é uma corrente ou linha em Filosofia da Educação, ainda hoje em processo de desenvolvimento, que se inicia no final da década de 1920 com os trabalhos efetuados na área da Psicologia do Desenvolvimento e na Psicologia da Aprendizagem, com Jean Piaget. Embora suas bases estejam nas investigações efetuadas na área da Psicologia, constitui-se como pensar filosófico sobre a Educação na medida em que as pesquisas da Psicologia se constituíram como fundamento de propostas pedagógicas. Isso porque, seguindo a tendência dos "ismos"[6] em Educação, o psicologismo também assumiu uma posição de fundamentar procedimentos educacionais. Essa tendência se fez forte principalmente nas décadas de 1960 e 1970, quando o construtivismo embasa muitas propostas curriculares donde, do ponto de vista da Filosofia da Educação, o questionamento sobre essas bases e respectivas práticas educativas tenha que ser colocado na dimensão de análises filosóficas.

O ponto central do currículo escolar que assume o Construtivismo é a crença na construção do conhecimento em geral e, em específico, no âmbito da Educação, daquele moral, científico e social. Atualmente, o modo pelo qual o construtivismo está sendo concebido e trabalhado enfatiza os aspectos sociais, culturais e históricos que influenciam a *construção* das concepções. Isso o afasta das bases psicologistas e o coloca como uma abordagem interdisciplinar de tal modo que "Construtivismo" tem se tornado uma rubrica ampla que abrange uma multiplicidade de teorias e concepções de conhecimento, de ensino, de aprendizagem, criando uma zona densa de significados.

---

[5] Para mais informações, ver Brameld (1971).

[6] Essa tendência se refere a assumir Ciências da Educação como fundamento das atividades educacionais. Por exemplo, a Sociologia, a Economia, a Psicologia, a Filosofia etc.

Há aspectos que indicam uma linhagem do progressivismo ao construtivismo, principalmente no que tange à cultura e à consideração das características: dinâmica, temporal, espacial e plural no processo de construção do conhecimento.

Em virtude da necessidade de uma análise crítica mais cuidadosa e elaborada a respeito das várias concepções sob a égide *construtivismo*, os currículos educacionais estruturados sobre suas afirmações a respeito de realidade, conhecimento e valor podem apresentar dissonâncias internas. Uma análise mais cuidadosa revela que o construtivismo dá importância destacada ao conhecimento, deixando de trabalhar tematicamente a realidade. Esta é olhada primordialmente sob a ótica do social, não transcendendo para aspectos mais complexos da sua constituição. Obviamente essa afirmação é dirigida para as questões do construtivismo tal como, em geral, este é trabalhado na região da Educação, primordialmente a escolar.[7]

A fenomenologia, cujo sentido se faz no contexto da Filosofia Existencial-Fenomenológica, não chega a ser considerada uma corrente dentre aquelas tradicionalmente trabalhadas pela Filosofia da Educação. Isso porque, embora suas concepções de homem, de mundo e de conhecimento também venham sendo tecidas ao longo dos últimos 150 anos, há uma diferença marcante sobre concepção de realidade e de produção de conhecimento em relação àquelas assumidas e mantidas nas épocas antiga, medieval e moderna e que deram sustentação ao perenealismo, essencialismo, progressivismo e construtivismo, este principalmente nas suas primeiras décadas. Essa diferença tem gerado embates e dificuldades de compreensão sobre seus textos. Encontra-se timidamente em processo de construção no âmbito educacional e carece de domínio amplo por parte dos educadores, em nível tanto de compreensão teórica, quanto da prática pedagógica.

As quatro primeiras linhas de pensamento filosófico trabalham com concepções de realidade explicáveis, ainda que em dimensões diferentes, como existindo fora do sujeito que conhece, competindo a este apreendê-la. O modo de apreensão difere de uma para outra.

---

[7] Sobre essa questão ver Bicudo (2000).

Perenealismo e essencialismo trabalham, na área da Educação, assumindo valores perenes e com a realidade entendida como essência. Progressivismo e construtivismo focam a construção dos conceitos, baseados nas concepções das ciências exatas e biológicas, prioritariamente.[8] O construtivismo começa a se modificar quando as questões das Ciências Humanas, primordialmente as da linguagem, da cultura e da história adentram seus questionamentos. No momento em que nos encontramos hoje, e que vem sendo estruturado há poucas décadas, o construtivismo se afastou das concepções psicológicas que lhe deram origem e abrange uma visão mais holística da construção do conhecimento e realidade social. Algumas denominações presentes em seu discurso soam próximas aos modos de a Fenomenologia dizer do mundo.

A Fenomenologia não assume a realidade separada daquele que conhece, entendendo que homem-mundo constitui-se como uma totalidade. Desse modo, não se usa o conectivo "e" para vincular duas realidades "homem e mundo", pois, segundo essa concepção, a realidade é "homem-mundo", entendida como uma única palavra.

O âmago da postura fenomenológica está na sua forma de entender o mundo como sendo sempre e necessariamente correlato à consciência. Consciência assumida e trabalhada como *intentio*, que significa, em termos simples, o ato de "estender-se a...", abarcando o percebido pela percepção. A realidade com a qual a fenomenologia trabalha é a realidade percebida. Percepção é vista como o encontro que se dá entre o percebido e o sujeito que percebe. Portanto, há sempre um solo perceptual, dado pelo contexto sócio-histórico-cultural no qual a percepção ocorre, o que a impede de ser uma ilusão

---

[8] Baseia-se nas ciências exatas na medida em que trabalha com concepções idealizadas sobre a realidade, tomando-a na forma da exatidão matemática, como presente na geometria euclidiana, a qual passa a embasar os cálculos da física newtoniana, ciência tomada como exemplar, do ponto de vista da cientificidade, para outras disciplinas que almejassem a também constituírem-se ciência (portanto, almejando exatidão). Assim, o progressivismo, primeiro, pauta-se, e muito, nas concepções de ciência as quais modelam os passos para a "construção" do conhecimento. Baseia-se nas ciências biológicas pela concepção piagetiana do ser vivo, que vê o organismo como uma totalidade fisiológica capaz de "aprender" a se adaptar a situações diversas. Essa primeira concepção de construtivismo piagetiano também carrega concepções de exatidão da ciência, embora já olhe para a dimensão da troca organismo-meio.

ou uma ação totalmente subjetiva. A percepção é, já, uma abertura à compreensão, porém a clareza que oferece é momentânea, podendo se perder no fluxo do tempo vivido. É mantida e interpretada na linguagem, cujos atos da consciência e respectivos produtos organizam o percebido, possibilitam sua comunicação ao outro e promovem a objetividade por meio das trocas intersubjetivas de compreensão linguística e do que é dito na fala.

O mundo é tido sempre como uma totalidade homem-mundo. Como corolário, o corpo (humano) é visto como uma unidade corpo-mente, espírito-matéria, sendo denominado corpo-próprio por ser, sempre, intencionalidade em movimento no tempo e no espaço.

A postura pedagógica decorrente da concepção fenomenológica privilegia o diálogo entre sujeitos, busca o sentido que o mundo faz para o aluno, considerando também o que do mundo as ciências dizem, dá destaque às linguagens falada e escrita, trabalhando com a interpretação e com a verdade como decorrente da clareza do que é intersubjetiva e historicamente construído.

Os procedimentos filosóficos assumidos pelas correntes mencionadas diferem entre si. No caso do essencialismo e do perenealismo, há certeza quanto ao que existe, entendido como realidade externa, objetiva e eterna; à verdade, entendida como adequação entre o que existe e o que é conhecido; ao conhecimento como atividade mental que leva à representação da realidade; ao que vale, tido como pautados nos valores supremos do bem e da verdade. À Educação cabe pensar uma proposta educacional que, partindo dessas certezas, aponte modos de realizá-las no plano da educação de pessoas e elabore justificativas que afirmem ser essa a melhor forma de educar de acordo com os fins almejados pelos responsáveis pela educação – família, igreja, Estado. À Filosofia da Educação cabe analisar criticamente a(s) proposta(s) pedagógica(s) e apontar as tendências que anunciam, bem como as congruências detectadas, ponderando sobre aspectos considerados relevantes ou não para a formação da pessoa e a construção da sociedade.

No caso do progressivismo, aquelas certezas assumidas pelo essencialismo e perenealismo encontram-se abaladas como consequência da grande crise consolidada na obra de Descartes e que registra o marco da ciência moderna.[9] O grande valor colocado no lugar daquelas crenças é o da ciência e dos procedimentos que a produzem. Esse valor está fundado na falta de certeza absoluta e na supremacia da experiência que é dinâmica, espacial, temporal e plural. Há evidências da importância da cultura que vão se acentuando à medida que o tempo avança na direção da época contemporânea.

O progressivismo vive um momento de transição de valores bem definidos para outros que estão se delineando. Há que se pautar no que está acontecendo, na crença no método científico e na supremacia da experiência na produção do conhecimento. Portanto, ao elaborar o currículo escolar procede de modo diferente daquele do perenealismo e essencialismo. Não parte de verdades absolutas e inquestionáveis, mas enfoca o dinamismo da experiência, tomando-a como constituinte da aceitação ou rejeição de hipóteses científicas e da construção do conhecimento.

O construtivismo trabalha com a crença de que o conhecimento é construído e de que a influência do histórico-social é marcante. Nessa concepção, o currículo escolar deve contemplar atividades que promovam a construção do conhecimento, a construção das relações pessoais, da linguagem, do comportamento moral, da organização social.

Em termos filosóficos, olhando-se o construtivismo de uma perspectiva interna, seus procedimentos divergem quando são colocadas questões sobre a realidade à qual o conhecimento se refere: "É ela construída?"; "Há adequação entre ambos?"; "A linguagem representa a realidade?"; "Representa a construção do conhecimento ou o conhecimento em construção?"; "O social é o real?"; "Como conhecer o social?". Os procedimentos que assume são mais semelhantes àqueles do conhecimento científico, caso em que a ênfase maior é colocada sobre a construção do conhecimento e a aquisição da linguagem.

---

[9] Ciência moderna refere-se àquela que se inicia no final da Idade Média e começo da época moderna e cuja lógica é pautada nos cânones do método científico de investigação. Esse coloca em destaque a experiência e a observação como dados que auxiliarão a comprovar ou refutar uma hipótese, fortalecendo ou enfraquecendo a teoria assumida. A verdade é sempre provável, portanto, nunca absoluta. Porém, mantém a característica de adequação à realidade vista, ainda, como externa e objetiva.

Quanto ao conhecimento do social, há pesquisas de cunho construtivista marcadas pela lógica do movimento histórico-dialético.

Tais procedimentos modificam-se quando são assumidas concomitantemente à construção do conhecimento e à construção da realidade. Nesse caso, há que se buscar reforços no existencialismo, na fenomenologia, na hermenêutica, na dialética, na física quântica, tentando-se conhecer a realidade do próprio solo onde se está, sem que se seja tragado pelo perigo do movimento circular aprisionar o investigador. Para evitar esse aprisionamento, assume o olhar em perspectivas, conforme indica a teoria da relatividade, sem que se caia na relatividade subjetiva. Busca entender o mundo, a ciência, o homem e o social, tendo como ponto de partida aquele que interroga em um tempo e espaço.

Dadas as diferenças marcantes que as concepções acerca da *construção da realidade e do conhecimento*, assumidas de modo concomitante, geram em termos de procedimentos e de proposta curricular, encontra-se na fenomenologia o termo que diz mais a respeito desse enfoque. Daí a proposta de uma *abordagem fenomenológica da educação* diferenciando-se do construtivismo, embora assumindo que o conhecimento seja construído no círculo existencial/hermenêutico.

Círculo existencial hermenêutico diz do movimento a que todos nós humanos estamos fadados: o de sempre ficar às voltas com a compreensão, interpretação e comunicação do que percebemos do mundo e não com o mundo em si. Isso quer dizer que sempre falamos e agimos em termos do percebido e desdobrado pelo movimento da linguagem, carregando a ambiguidade dos significados das palavras e a tensão do sentido. Portanto, essa ideia se difere radicalmente daquela trazida na expressão "círculo vicioso", a qual diz de uma lógica que segue uma sequência linear de causa e consequência e que admite a possibilidade de um observador externo a ele e à lógica. É um círculo existencial, uma vez que estamos nele, existindo com e junto aos outros e a tudo que nos cerca, não como observadores, mas como parte desse movimento, e hermenêutico por não escaparmos, jamais, do fado de interpretar. É importante atentar para o que essa concepção diz: estamos em um círculo não fechado, uma vez que ele não dita o que nem como se deve compreender e dizer do compreendido.

Porém, o círculo traz também, ambiguamente, com a ambiguidade que o nosso modo de existir carrega, a abertura do horizonte da interpretação. E é nesse horizonte que a educação, como evento e como processo de tornar-se pessoa, se dá.

Filosofia da Matemática

O tema "Filosofia da Matemática" traz em sua composição o nome de duas áreas distintas do conhecimento, embora não se constitua pela soma de ambas. Define-se por proceder conforme o pensar filosófico, ou seja, mediante a análise crítica, reflexiva, sistemática e universal, ao tratar de temas concernentes à região de inquérito da Matemática. Diferencia-se da Matemática[10] pois não se dispõe a fazer Matemática, produzindo conhecimento dessa ciência, mas dedica-se a entender o seu significado no mundo, no mundo da ciência, o sentido que faz para o homem, de uma perspectiva antropológica e psicológica, a lógica da construção do seu conhecimento, os modos de expressão pelos quais aparece ou materializa-se, cultural e historicamente, a realidade dos seus objetos, a gênese do seu conhecimento.

As perguntas básicas da Filosofia – "O que existe?", "O que é o conhecimento?", "O que vale?" – são trabalhadas pela Filosofia da Matemática, focalizando especificamente os objetos matemáticos. Desdobram-se em termos de "Qual a realidade dos objetos matemáticos?", "Como são conhecidos os objetos matemáticos e quais os critérios que sustentam a veracidade das afirmações matemáticas?", "Os objetos e as leis matemáticas são inventados (construídos), descobertos, revelados, apreendidos?".

O tratamento dessas questões é relevante para a compreensão e para a metacompreensão da Matemática e necessário para a definição de propostas curriculares, por determinar escolhas de conteúdos, atitudes de ensino, expectativas de aprendizagem, indicadores de avaliação.

---

[10] Imre Lakatos (1978), em seu livro *Provas e refutações: a lógica do descobrimento matemático*, reforçando esse ponto de vista, critica a abordagem que transforma a Filosofia da Matemática em metamatemática.

Na tradição da ciência ocidental com suas raízes na Grécia Antiga, os objetos matemáticos são concebidos como tendo existência objetiva e real, como perfeitos e perenes. Essa visão reflete o platonismo e, de maneira simplificada, podem-se estabelecer ligações entre a concepção matemática, o mundo platônico das ideias e o modo de conhecê-las e, por consequência, os objetos matemáticos. A realidade desses objetos pode ser comparada àquela das formas perfeitas, cuja existência independe da ação humana. Existindo de maneira objetiva, sendo reais e perenes, independentes da realidade mundana, o conhecimento deles tem como base a descoberta e a intuição de sua essência. Entretanto, não se trata de uma descoberta ou intuição fruto de uma clarividência conseguida por graça ou casuisticamente, mas consequência de um árduo trabalho intelectual de perseguição à verdade. Trata-se de um processo lógico que privilegia as descrições dos objetos matemáticos e das relações e estruturas que os unem.

Essa concepção, denominada também de visão absolutista do conhecimento matemático, subjaz às correntes mais importantes do pensar matemático: formalismo, logicismo e intuicionismo, e persiste ainda entre os matemáticos contemporâneos. Tem resistido, evidentemente com modificações importantes quanto ao desenvolvimento da própria Matemática, em virtude da perplexidade que causa a constatação da universalidade, durabilidade e objetividade do objeto matemático. Objetos e demonstrações geométricas, por exemplo, persistem desde época anterior a Euclides. São passíveis de serem repetidas e confirmadas. Sobreviveram aos seus criadores, à cultura em que surgiram, à língua na qual foram expressos pela primeira vez. Permanecem à disposição para serem compreendidos, recriados, aplicados, mostrando sua verdade ou adequação. Essa verdade, fundada na lógica da construção do edifício da Matemática, fica expressa nos axiomas e nas noções primitivas, nas regras de inferência, na linguagem formal e na sintaxe. A veracidade das afirmações é constatada pelas demonstrações, que consistem em sequências finitas de afirmações em que cada uma ou é um axioma ou provém de afirmações que a precedem na sequência, por aplicação das regras de inferência.

Essa prática fortalece a crença de ser a Matemática independente ao humano, ou seja, independente do cultural e do social. Leva à compreensão de que a Matemática é autossuficiente, uma vez que se satisfaz com suas próprias regras, que asseguram a veracidade, e com a linguagem formal, sua especificidade que procura garantir o ideal de precisão linguística.

No contexto da ciência ocidental, por ser bem-sucedida, mantendo sua hegemonia, a Matemática mantém-se positivamente avaliada. Seu valor está no cerne da construção dessa ciência, tanto nos procedimentos lógicos, caracterizados pelos modos de inferência indutiva e dedutiva, quanto em seu caráter de precisão, manifestado por meio da linguagem formal, que é composta por simbolismos específicos e por gramática lógica que sustenta leis de inferência, bem como pela quantificação e pelo cálculo, que foram transpostos para as demais ciências. Daí, dessa perspectiva, sua importância para a sociedade ser relativa às aplicações da ciência e da tecnologia ao ideal de bem-estar e de progresso. Juntamente com a avaliação positiva dessa ciência, estabelece-se uma ideologia da certeza, como dizem Borba (1992), Borba e Skovsmose (2001) e Skovsmose (2007). De acordo com Borba (1992, p. 332):

> A Matemática é amplamente divulgada pelos programas de ciência da televisão, jornais e universidades como uma estrutura estável e inquestionável em um mundo muito instável. Frases comumente usadas na mídia ou por alguma pessoa para afirmar a certeza da matemática incluem exemplos como: "isto foi matematicamente provado", "os números expressam a verdade", "os números falam por eles mesmos", "as equações mostram/asseguram que...". Deste modo declaram expressar uma particular ideologia sobre a matemática (Tradução nossa).

Skovsmose (2007, p. 81) também enfatiza essa ideia, afirmando que

> [...] a ideologia da certeza designa uma atitude em relação à Matemática. Refere-se a um respeito exagerado pelos números. A ideologia afirma que a Matemática, mesmo quando aplicada, apresentará soluções corretas asseguradas por suas certezas. A

precisão da Matemática (pura) é como que transferida para a precisão das soluções aos problemas.

A crença no absolutismo a respeito da realidade dos objetos matemáticos, que se expande com o paradigma euclidiano para a completude e consistência das demonstrações, sustenta a ideologia da certeza matemática, fortalecida até final da segunda metade do século XIX. Essa crença é abalada com a crise que se instala a respeito da ciência europeia contemporânea, momento em que se tornam agudas as questões sobre os fundamentos da Matemática. Na base de toda essa crise está a polêmica do fundamentalismo, pois todo fundamento solicita por mais fundamento. A verdade matemática e a prova, como já mencionado, repousam sobre a lógica e a dedução. Mas e a lógica, sobre o que repousa? Se "certeza", "verdade" e "prova" estão, sob esse ponto de vista, essencialmente entrelaçados, quantas provas seriam necessárias para garantir a veracidade de uma prova? Pois a uma prova, nesse sentido, deveria seguir outra a provar a veracidade da primeira e, consequentemente, outra a garantir a certeza dessa última, num processo de regressão infinita e, portanto, impossível.

Essas críticas são postas e mantêm-se fortes do ponto de vista interno à própria ciência matemática. E é dessa perspectiva que os matemáticos procuram responder, por meio das correntes logicista, formalista e intuicionista-construcionista. Essas correntes trazem concepções diferentes a respeito da produção de conhecimento matemático, bem como da própria Matemática, entendida como uma região de inquérito. São argumentações e construções que visam dar conta dos fundamentos da "ciência Matemática".

O logicismo afirma que esse fundamento é a Lógica e que o conhecimento matemático é uma construção lógica. Bertrand Russell e G. Frege[11] são dois expoentes dessa corrente. Russell (2007, p. 230) afirma a respeito da impossibilidade de se distinguir Lógica e Matemática, e que a prova da identidade de ambas começa com detalhes,

---

[11] Uma explicitação clara e que pode levar a investigações mais abrangentes sobre essas correntes é encontrada em Silva (2007).

[...] pelas premissas que seriam universalmente admitidas como pertencentes à Lógica, e chegando, por dedução, a resultados que pertencem de maneira igualmente óbvia à Matemática, descobrimos que não há ponto algum em que uma linha nítida possa ser traçada, com a Lógica à esquerda e a Matemática direita.

Uma formulação bastante explícita sobre essa visão é apresentada nas seguintes afirmações, trazidas por Ernest (1991, p. 9): a) todos os conceitos da Matemática podem ser reduzidos aos conceitos lógicos, desde que esses conceitos incluam conceitos da Teoria dos Conjuntos ou algum sistema de poder similar, como a Teoria dos Tipos de Bertrand Russell; b) toda verdade matemática pode ser apenas provada a partir de axiomas e de regras lógicas de inferência.

Em última instância, o propósito do Logicismo é reduzir a Matemática à Lógica, visando a livrá-la de contradições. Porém, tal meta não foi atingida, uma vez que nem todos os teoremas matemáticos e, portanto, nem todas as verdades matemáticas podem ser derivadas somente da lógica.

O formalismo tem como foco estabelecer a Matemática como a ciência dos sistemas formais. Um expoente dessa corrente é Hilbert, para quem o campo de estudo dessa ciência consiste no estudo dos sistemas completos e consistentes, tomando por objeto as teorias formais, e não as entidades matemáticas tradicionais, como números, conjuntos, funções algébricas etc. Nesse enfoque, a "simples consistência de uma noção ou teoria era suficiente para torná-la aceitável" (SILVA, 2007, p. 191). Isso seria possível se fosse estabelecida uma linguagem formal, suficientemente bem-definida para que ambiguidades de significados simbólicos fossem descartadas, e se as demonstrações fossem explicitadas passo a passo. Os resultados de Gödel (SILVA, 2007) mostram também a impossibilidade de demonstrar a consistência da Matemática dentro da própria Matemática.

A corrente de pensamento construcionista[12] entende que a existência das entidades abstratas, como são aquelas da Matemática, são sustentadas pela construção, que tem como fundante a intuição.

---

[12] Notar que aqui estamos falando do construcionismo como entendido pela Filosofia da Matemática, ao falar das correntes filosóficas dessa ciência.

Dois matemáticos construcionistas importantes são Poincaré e Brower. Para o primeiro, "é no interior da consciência humana e suas vivências que os números naturais se constituem e suas verdades se fundamentam" (Silva, 2007, p. 145), e Brower não apenas concorda com esse modo de ver como também o estende a toda Matemática. De acordo com Silva (2007), de todas as vertentes construcionistas, a mais difundida é o intuicionismo, e cita Brower como seu criador. A proposta construcionista e intuicionista acaba por conduzir à necessidade de efetuar uma reestruturação em toda produção matemática. As posições assumidas geraram muitos conflitos entre os matemáticos tradicionais e os construcionistas-intuicionistas, de modo que acabam por serem rejeitadas.

Desse modo, as correntes aqui explicitadas não deram conta de explicar ou de apresentar um fundante da Matemática e, com isso, a ideologia da certeza baseada na exatidão dos conhecimentos matemáticos não se sustenta.

Edmund Husserl[13] toma a si a tarefa de mostrar que o conhecimento matemático, ainda que objetivo e duradouro, está enraizado na mundaneidade do mundo, ou, melhor dizendo, para trazer sua expressão própria, no mundo-vida. Ele não rejeita o conhecimento da Matemática nem sua importância na estruturação da ciência e sua presença na técnica e na tecnologia. Ele busca dar conta de compreender e de explicitar o modo pelo qual o conhecimento matemático se constitui. Concebe os objetos matemáticos como "idealidades".

Embora esse autor trabalhe com idealidades objetivas, essas idealidades não têm a característica, em sua constituição, dos objetos ideais platônicos (que são vistos como tendo existência em si, perfeitos e eternos). As idealidades, na concepção husserliana, como explicitado em Bicudo (2010), são constituídas historicamente, têm origem no ato da evidência original e subjetiva, pois esse é um ato que ocorre na esfera psicológica do sujeito, ao visualizar a reunião de aspectos individuais de certo tipo de experiência da realidade. Esse *insight* é articulado em um

---

[13] Husserl empenha-se nessa tarefa: de mostrar o modo pelo qual o conhecimento matemático é subjetivo, intersubjetivo e objetivo. Eu, particularmente, gosto de me referir ao Husserl (1970), *The Crisis of European Science*, principalmente no apêndice "Origen of Geometry", para explicitar essa sua ideia, que considero de suprema importância para educadores matemáticos.

discurso inteligível e comunicado aos cossujeitos que partilham do real vivido, por meio da linguagem. É a linguagem que dá sustentabilidade às idealidades, transportando-as na temporalidade histórica e permitindo que sejam sedimentadas pela escrita e presentificadas na intencionalidade daquele que as interpreta. A fenomenologia mostra horizontes possíveis para compreender-se a Matemática e as concepções de verdade, certeza, prova e suas respectivas fundamentações.

Filosofia da Educação Matemática

Conforme o raciocínio que está sendo encaminhado desde os itens anteriores, a Filosofia da Educação Matemática é constituída por aspectos filosóficos da Filosofia da Educação e da Filosofia da Matemática. Porém, apresenta uma região própria de inquérito e de procedimentos.

Da Filosofia mantém as características do pensar analítico, reflexivo, sistemático e universal e é iluminada pelas grandes perguntas de caráter ontológico, concernente ao que existe, epistemológico, relativo ao como se conhece o que existe e o que é conhecimento; axiológico, sobre o que vale. Da Filosofia da Educação toma as análises e reflexões sobre educação, ensino, aprendizagem, escolarização, avaliação, políticas públicas da educação, os procedimentos assumidos para trabalhar esses temas, para mencionar alguns, e os olha da perspectiva daquele que está preocupado com a educação do outro (aluno ou estudante, no caso da escola) e, em particular, com o significado que a Matemática, por meio do seu ensino e da aprendizagem, assume. Por focalizar a Matemática no contexto da educação, a Filosofia da Educação Matemática também se coloca questões sobre o conteúdo a ser ensinado e a ser apreendido e, desse modo, necessita das análises e reflexões da Filosofia da Matemática sobre a natureza dos objetos matemáticos, da veracidade do conhecimento matemático, do valor da Matemática.

É na interface dessas regiões de inquérito que a Filosofia da Educação Matemática movimenta-se, construindo seu modo de argumentar, de articular ideias, de investigar, de agir na realidade educacional, de expressar seu pensamento por meio de uma linguagem apropriada ao seu universo de questionamento.

A um primeiro olhar lançado da e na zona densa que é aquela da Educação Matemática pode parecer que Filosofia da Educação Matemática e Educação Matemática se superpõem de tal modo que se identificam. Porém, à medida que a densidade de conceitos, procedimentos, intervenções vai se clareando mediante constantes investigações sobre Educação Matemática, vão se delineando regiões com especificidades importantes para a própria Educação Matemática, por exemplo, a Etnomatemática e a Sociologia da Educação Matemática.

À Filosofia da Educação Matemática cabe a análise crítica e reflexiva das propostas e ações educacionais no tocante ao ensino e à aprendizagem da Matemática nos diferentes contextos em que ocorrem: nas instituições públicas, nas famílias, na rua, na mídia.

O trabalho nuclear da Filosofia da Educação Matemática é analisar criticamente os pressupostos ou as ideias centrais que articulam o currículo ou a proposta pedagógica, buscando esclarecer suas afirmações e a consonância entre as ações visualizadas. Por exemplo: "Há consistência entre a concepção de educação, de ensino, de aprendizagem, de conteúdo matemático veiculado e concepções de Matemática e conhecimento matemático, atividades propostas e desenvolvidas, avaliação proposta e efetuada na realidade escolar ou educacional?"; "Da análise efetuada, que ações podem ser indicadas e com que intenção ou em nome de qual política?".

Esse trabalho, entretanto, como foi apontado no item sobre Filosofia da Educação, pode ser efetuado de diferentes modos, conforme a postura filosófica ou os pressupostos filosóficos assumidos.

Apenas como um exercício, cujo objetivo é exemplificar o acima mencionado, tome-se a linha perenealista da Filosofia da Educação e o logicismo da Filosofia da Matemática. O currículo nelas sustentados há de ter como eixo o trabalho com a *essência*. Portanto, com um ideal de homem que oriente atividades educacionais que levam à percepção do que é considerado humano; com valores duradouros e com verdades inquestionáveis. No âmbito da Matemática essas ações devem confluir com concepções de objetos matemáticos tidos como existentes de modo absoluto, passíveis de serem conhecidos por meio de um trabalho árduo, disciplinado, que enfatize processos lógicos de inferência. A escola há de ser um ambiente propício para a realização de valores que visem sempre à melhoria do existente, rumo à perfeição.

Exercícios e projeções desse tipo podem ser efetuados tendo-se o progressivismo, o construtivismo e a fenomenologia como linhas da Filosofia da Educação, articuladas com aquelas da Filosofia da Matemática.

Esse modo de proceder parte da teoria, de linhas da Filosofia da Educação e da Filosofia da Matemática, analisa de modo crítico suas afirmações buscando consonância entre elas e dirige-se para a prática educacional, entendida aqui como as atividades educacionais propostas.

Outro modo de proceder na Filosofia da Educação é trabalhar com a articulação teoria/prática na própria realidade em que é efetivada ou posta em ação, que é aquela da sala de aula de Matemática onde se encontram, no evento aula, professor, aluno, conteúdo pedagógico e matemático em ação. A ação, demarcada no contexto em que ocorre, que tem um solo perceptivo – portanto, espacial, temporal e histórico –, onde se desencadeiam e se materializam as atitudes educacionais, a proposta pedagógica, a concepção do objeto e de conhecimento matemáticos.

Esse procedimento solicita familiaridade com as regiões de inquérito da Filosofia, da Filosofia da Educação, da Filosofia da Matemática; mostram-se relevantes quando a proposta é a intervenção na realidade pautada na ação/reflexão/ação; é eficaz para a autoavaliação dos agentes do processo; é pertinente para que sejam traçadas direções desejáveis para o projeto pedagógico em andamento, atentando-se para as justificativas que esclareçam por que se deseja o que se diz desejar em nome de uma ação educadora que, como tal, é sempre pública.

Neste livro, é essa a postura de Filosofia da Educação Matemática assumida.

Filosofia da Educação Matemática em construção: um pouco de sua trajetória histórica

A denominação "Filosofia da Educação Matemática" é recente, como afirmado anteriormente. Temas de caráter ontológico, epistemológico e mesmo axiológicos têm sido abordados em trabalhos de ensino da Matemática, de Psicologia da Matemática, de Educação Matemática etc., sem serem, entretanto, postos em destaque e, na maioria das vezes, portanto, abordados de maneira genérica.

Em janeiro de 1981, uma tese de doutoramento com o título *Philosophy of Mathematics Education* (Filosofia da Educação Matemática) foi defendida por Eric Blaire no Instituto de Educação da Universidade de Londres. Essa tese é estruturada em três partes. Na primeira são abordadas questões pertinentes à Filosofia da Matemática, descrevendo as três correntes tradicionais (logicismo, formalismo, intuicionismo) e procurando construir uma quarta, denominada "hipotética", que reúne ideias de Pierce e Lakatos. Na segunda parte do trabalho são apresentados modos de ensinar Matemática, e o autor estabelece conexões entre tais modos e as correntes matemáticas descritas na primeira parte. Na terceira parte, Blaire (1981) trabalha o conceito de educação, os objetivos e fins da educação e aponta o que é essencial ser tratado em cursos de formação de professores de Matemática.

A Filosofia da Educação Matemática é tratada por esse autor como junção da Filosofia da Matemática e da Filosofia da Educação e, a partir das análises efetuadas, apresenta uma proposta pedagógica.

De 1982 a 1992 aparecem, no cenário internacional, trabalhos que tratam de temas de Filosofia da Educação Matemática, embora não a mencionem. Livro importante é o *Didactical Phenomenology of Mathematical Structures* (Fenomenologia Didática das Estruturas Matemáticas), de Hans Freundenthal (1993). Outros trabalhos significativos, reunidos sob o nome Teoria da Educação Matemática, um dos tópicos do International Congress on Mathematical Education (ICME-6) em 1988, são de autores como H. G. Steiner, N. Balacheff, J. Mason, H. Streinbring, L. P. Steffe, H. Brousseau, T. G. Cooney, B. Christiansen. Aparecem também abordagens mais sistemáticas sobre temas pertinentes à Filosofia da Educação Matemática em livros de autores como Gila Hanna (1983), Michael Otte (1993) e Ubiratan D'Ambrosio (1985).

Em 1991 é publicado o livro *The Philosophy of Mathematical Education* (A Filosofia da Educação Matemática) de Paul Ernest. Nesse trabalho Ernest (1991) propõe-se a explicitar o significado do título e distingue quatro conjuntos de problemas como os mais relevantes para a Filosofia da Educação Matemática:

- Temas concernentes à Filosofia da Matemática e que tratam de perguntas como: o que é Matemática e como podemos explicar sua natureza? Quais filosofias da Matemática foram desenvolvidas?
- Questões sobre à natureza da aprendizagem, destacando perguntas sobre afirmações de cunho filosófico subjacente às explicações da aprendizagem matemática.
- Perguntas sobre o objetivo da educação, especificando aqueles concernentes à Educação Matemática.
- Questões sobre o ensino da Matemática, enfocando aquelas de seus fundamentos.

No ICME-7 que ocorreu em 1992, em Québec, o grupo de trabalho TG 16, *The Philosophy of Mathematics Education* (A Filosofia da Educação Matemática). Seu organizador foi Paul Ernest, e reuniu autores como Stephen Brown, Kathryn Crawford, von Glasersfeld, David Henderson, Reuben Hersch, Christine Keitel, Sal Restivo, Anna Sfard, Ole Skovsmose e Thomas Tymoczko. Nesse grupo foram levantadas questões centrais para a Filosofia da Educação Matemática, sobre o que é Filosofia da Educação Matemática, sobre a relevância da Filosofia da Matemática para a educação, sobre as crenças dos professores e o simbolismo matemático.

Em 1993, Ole Skovsmove publica o livro *Towards a Philosophy of Critical Mathematical Education* (Para uma Filosofia da Educação Matemática Crítica). Esse livro é importante por trabalhar a Educação Matemática colocando-a sob a perspectiva da realidade social, desnudando ideologias e revelando contradições entre propostas educacionais e a realidade onde se instalam ou para onde se dirigem. No ano 2005 esse mesmo autor publica o livro *Travelling through Education: Uncertainty, Mathematics, Responsability*, traduzido em 2007 para o português como *Educação Crítica*. Nesse livro o autor avança com sua elaboração sobre educação crítica e traz excelentes contribuições para o trabalho com Matemática em currículos dos mais variados cursos, na medida em que revela a concepção de "Matemática em toda parte". Ou seja, a prática social, os utensílios à disposição no contexto social e o "aparato tecnológico" com os quais nos encontramos irremediavelmente interligados no cotidiano vivido trazem a Matemática para o irremediavelmente mundano, afastando-se de concepções que a veem como independent das ações humanas, como algo exato e absoluto. Também importante é o trabalho que o autor efetua revelando a ideologia da certeza subjacente à Matemática.

No ICME-8, realizado em Sevilha, em 1996, ocorrem duas conferências com títulos e conteúdos específicos de Filosofia da Educação Matemática. Uma proferida por Paul Ernest (1996) denominada *Social Constructivism as a Philosophy of Mathematics* (O construtivismo social como uma Filosofia da Matemática) e outra por Maria Aparecida Viggiani Bicudo (1996b) denominada *Philosophy of Mathematical Education: A Phenomenological Approach* (Filosofia da Educação Matemática: uma abordagem fenomenológica). É interessante apontar que essas duas conferências apresentam diferentes concepções trabalhadas em Educação Matemática, ambas profundamente analisadas do ponto de vista da Filosofia da Educação Matemática. Ernest (1996) toma o construtivismo social e especifica os modos pelos quais ele sustenta concepções e práticas da Educação Matemática nas quais a construção do conhecimento é entendida primordialmente em suas dimensões sociais. Como em Skovsmose (2007), a realidade da Matemática é trazida para o contexto social, de maneira que as concepções falibilistas encontram amplo espaço para serem trabalhadas. Nesse caso, a relação sujeito (social) e realidade social é exposta mediante as práticas que lhe são características, como linguagem, realidade simbólica etc., e são revelados os modos pelos quais a Matemática é construída e praticada na esfera da Educação. Bicudo (1996b) apresenta a constituição da Matemática na totalidade homem-mundo, mediante a realização de atos subjetivos, como intuição e evidência. Discute a constituição da intersubjetividade mediante empatia e linguagem – portanto comunicação – e a constituição da objetividade, que se dá mediante a comunicação bem- sucedida e duradoura que persiste por meio da linguagem, primordialmente aquela registrada, da história e da tradição. Esse modo de conceber a Matemática também a retira do universo da objetividade extramundana, porém não separa o movimento de constituição do conhecimento daquele da vida mundanamente vivida, não sendo necessário, portanto, explicar a relação do sujeito com o mundo mediante a construção de conceitos.

No Brasil, há livros específicos publicados em Filosofia da Educação Matemática[14] que trazem a produção do grupo de Estudos "Filosofia da Educação Matemática" mantido pelo Seminário Internacional de Educação Matemática (SIPEM). Em Rio Claro, ligado ao Programa de Pós-Graduação em Educação Matemática, há um grupo de estudos que desenvolve pesquisas nessa área, sendo que já foram defendidas teses de doutorado e dissertações de mestrado tematizando assuntos de Filosofia da Educação Matemática, além de um outro grupo que foca a epistemologia em Educação Matemática. Esses dois grupos desenvolvem trabalhos sobre a constituição da realidade matemática, ou seja, de seus objetos, teorias, modos pelos quais essa realidade é compreendida, modos pelos quais o processo de conhecimento é desenvolvido.

Na Universidade Estadual de Campinas há o grupo de História e Filosofia da Educação Matemática (HIFEM),[15] liderado pelo Prof. Dr. Antonio Miguel. O enfoque do trabalho desse grupo é a História, sendo que a Filosofia é concebida junto à História, na medida em que as obras dos autores estudados são expostas em termos de suas concepções filosóficas.

Apontamos alguns trabalhos efetuados no âmbito da Filosofia da Educação Matemática. Sabemos que há muitos deles que privilegiam concepções divergentes, abordagens diferenciadas de investigação e que uma investigação histórica rigorosa traria ótimas contribuições para a compreensão dessa região de inquérito que vem se fortalecendo. Talvez uma pesquisa desse porte pudesse destacar o que tem sido feito, no Brasil, rastreando os tentáculos de suas raízes.

Resumindo e apontando

Os autores deste livro entendem que a região de inquérito da Filosofia da Educação Matemática caracteriza-se por temas centrais

---

[14] Até o momento foram publicados três livros: Bicudo (2003), Meneghetti (2006) e Kluth; Anastácio, (2009).

[15] Site oficial do grupo HIFEM: https://www.fe.unicamp.br/hifem/. Acesso em: 22 jun. 2021.

que nucleiam investigações sobre Educação Matemática, sempre abordadas com as perguntas *"para quê?"* e *"por quê?"*, pelo modo de desenvolver suas argumentações e encadeá-las em um discurso articulado, e, principalmente, pelo modo de conduzir suas investigações à procura de que sejam analíticas, críticas, reflexivas e abrangentes.

Mais do que o rol de temas, consideram que a atitude do pensar filosófico mantido na ação investigadora do que ocorre no evento "aula" é crucial. É partilhando dessa realidade e atentamente ligado a ela que emergem temas e situações que solicitam análise crítica e possibilidades para a ação apontadas pela atitude reflexiva.

O pensar a realidade, vivendo-a, é o ponto de referência do que chamam de análise crítica, reflexiva e abrangente, necessária ao que comumente denomina-se ação/reflexão/ação. Para tanto, entendem que é preciso manter tanto o olhar na multiplicidade de abordagens quanto a direção indicada pela perspectiva assumida. Como um exercício em Filosofia da Educação Matemática o capítulo seguinte tratará do tema linguagem matemática e Educação Matemática.

Capítulo II

Educação, Matemática e Linguagem: esboço de um exercício em Filosofia da Educação Matemática

O contexto

O processo de ensino e de aprendizagem de Matemática envolve vários aspectos ou facetas. Práticas, conceitos, abordagens e tendências fazem parte desse cenário e exigem um tratamento filosófico que, alimentando as ações a serem efetuadas, pode, cada vez mais, aprofundar e ampliar as visões que a ele servem de fundante. Assim, a partir da perspectiva aqui assumida, a Filosofia da Educação Matemática não se coloca como uma "provedora" de fundamentos teóricos a partir da qual, linear e consequentemente, a prática poderá realizar-se. Filosofia da Educação Matemática é um quase sinônimo de Educação Matemática se for concebida sob uma perspectiva teórico-prática refletida sistematicamente que, em princípio, deve ser, por excelência, a forma de caracterizar a própria Educação Matemática.

Tecendo uma trama teórica que, de nossa perspectiva, só pode ser alinhavada na experiência vivida ao se efetivar a ação prática, a Filosofia da Educação Matemática visa a esclarecer os elementos constitutivos da Educação Matemática, objetivando a imersão dessa teia teórica no fazer cotidiano, em momentos e instâncias nos quais ocorrem o ensino e a aprendizagem da Matemática. Uma prática que alimenta a teoria que, por sua vez, alimenta a prática e que, ao ser articulada no trabalho de reflexão crítica constitui a produção desse campo de inquérito. Consolida-se, portanto, uma retroalimentação que caracterizará tanto os trabalhos de natureza filosófica – que sem serem reflexos da prática tornar-se-iam meros discursos vazios seguindo ventos de modismos – quanto os trabalhos de Educação Matemática – que, sob essa perspectiva, é movimento teórico-prático que se constitui desde o primeiro momento, já perdido no tempo, no qual se sentiu a necessidade de sistematizar de formas e conceitos para que alguém, em algum lugar, tentasse elaborar e/ou comunicar algo chamado "Matemática". Educação Matemática será, pois, expressão vaga se não for concebida como preenchendo-se, reflexiva e continuamente, de significações que se originam na experiência vivida em contextos em que a Educação Matemática é realizada, ou seja, naquele em que essa educação se dá como uma reflexão-na-ação. Ação que ocorre num contexto no qual vivemos com o outro: compartilhando vivências, compreendendo-as, comunicando-as.

Exige-se, portanto, dos que se lançam à iniciativa de perscrutar os domínios dessa região do conhecimento, o conviver com a perspectiva do outro, dialogicamente exercitando o respeito aos trabalhos coletivos.

Somos mais do que somos e, ao mesmo tempo, menos do que poderíamos ser, já nos ensinava Heidegger (1989). Mais porque, como seres, somos possibilidades de ser que nunca cessam de se desdobrar em realizações e outras possibilidades, jamais se findando em vida e concluindo-se apenas com a morte, quando já não somos. Menos porque o viver na "cotidianidade" nos força a opções, nos obriga a reduzir o domínio daquelas nossas possibilidades. Somos parte de um coletivo que elabora, analisa, divulga, compartilha conhecimentos. Somos com os outros. Não é estranho, portanto, que um tema em Educação Matemática possa adquirir significados cada vez mais profundos na medida em que também seja olhado – atenta, crítica e reflexivamente – sob várias perspectivas, sempre e cada vez mais sujeitos a novos pontos de vista. A multiplicidade de perspectivas enriquece significativamente o objeto evidenciado do mesmo modo como a multiplicidade e a variedade de temas a serem enfocados são necessárias para que um espectro mais global da Educação Matemática seja visualizado, dando-se à compreensão.

Essa argumentação abre o horizonte da impossibilidade de uma única pessoa ou um único grupo abarcar todas as perspectivas e todos os temas, pois, se assim procedêssemos, estaríamos restringindo a abrangência e, de certo modo, o domínio, se pretendemos esboçar um exercício em Filosofia da Educação Matemática.

Baseados em trabalhos anteriores, nos quais focávamos, vinculadamente, Educação Matemática e Formação de Professores, optamos por tratar, nesse exercício filosófico, a questão da linguagem matemática. Assim, o domínio da formação de professores de Matemática em cursos de graduação será naturalmente incorporado a esse nosso capítulo. Focar a licenciatura em Matemática, porém, não particulariza excessivamente nosso contexto de ação, visto que o tratamento que pretendemos dar ao tema pode ser facilmente ampliado para outras instâncias e espaços de formação, solicitando, esse mesmo contexto, tal ampliação.

Conversemos com professores de Matemática. Não são raras as vezes em que relatam as dificuldades de seus alunos em entender o que os problemas "pedem" ou em transformar essa compreensão numa sentença matemática clara e válida. Mesmo os Parâmetros Curriculares Nacionais reforçam a necessidade de serem enfocadas, nos diferentes níveis de ensino, estratégias para "motivar" a "interpretação de dados".

Conversemos com alunos de cursos de Licenciatura e de Bacharelado em Matemática. É muito comum descreverem dificuldades que enfrentam ao deparar-se com uma Matemática formalizada; os tropeços para a demonstração de resultados – por vezes tão claros no enunciado que parecem prescindir de uma prova formalizada – ou para a elaboração de sentenças, ou mesmo para a verificação, informal, da validade de proposições. Tão comum quanto isso parecem ser as dificuldades de negociação quanto ao modo – tido como correto – de argumentação matemática: os momentos em que um determinado tipo de prova "funciona" e outros que a nada levam; as vezes em que o exemplo particular – na verdade o contraexemplo – é aceito como prova; o modo de expressar simbolicamente determinada situação e a utilização específica de alguma ferramenta de apoio; a impossibilidade da tese demonstrando a própria tese – à exceção do que parece ocorrer nas provas por indução finita – etc.

Várias são as origens dessas dificuldades, mas, certamente, a linguagem matemática desempenha, quanto a isso, papel significativo. Compreender o funcionamento dos mecanismos da Matemática, a natureza de seus objetos e processos e a vinculação desses mecanismos com a prática materializada nas salas de aula de Matemática podem ser uma possibilidade de desenhar, com mais clareza, um quadro desse contexto, indicando propostas de ação.

Linguagem matemática: de discursos e do exame hermenêutico como possibilidade de ação

Discursos e textos

Se falamos em linguagem matemática, é importante nos determos, ainda que por um momento, para analisar o que concebemos como "linguagem". Há um equívoco, próprio do senso comum, em pensar a linguagem já como escrita ou fala. Conquanto a escrita tenha permitido ao humano o sabor de muitas de suas conquistas, o registro de caracteres gráficos é um elemento recente na história da humanidade e, portanto, não pode responder por todo o processo comunicativo. Nossa concepção de linguagem engloba as mais diversas formas de manifestação, que já se iniciam com o próprio estar-se lançado ao mundo, passando, por exemplo, pelo oral, pelo gestual e pelo pictórico, pela linguagem falada e escrita; e embora nossa intenção, aqui, seja a de uma investigação sobre a linguagem matemática, focaremos mais particularmente as formas de comunicação vinculadas à escrita.

Mais do que investigar a linguagem matemática – o que certamente exige um estudo, mesmo que rápido, de seus estilos e formas discursivas –, nossa intenção é investigar a linguagem matemática no contexto da sala de aula. Essa alteração de foco é extremamente significativa, posto que se mudam, além das regiões de conhecimento, as manifestações e as concepções, esboçando-se, obviamente, um novo campo para o debate político. Por mais que se afirme que o campo científico deve caracterizar-se pelo livre e público escrutínio, sabe-se que muitas das esferas da ciência estão, ainda, no domínio do privado, no sentido de moverem-se no campo interno de suas argumentações. A Matemática, pensada como prática científica, certamente está entre as formas de conhecimento que, por inúmeras razões, encapsulam-se na privacidade. Sua linguagem, sua forma de comunicação, talvez seja um dos elementos que de modo mais possante manifesta essa privacidade. Isso porque, ao desvincular-se (aparentemente) do mundano, mediante os procedimentos característicos do pensamento formal, tal linguagem "circula" em grupos restritos, cujas formas de ação são cada vez mais específicas e cada vez mais cifradas.

No campo da prática, buscando investigar a linguagem matemática em suas potencialidades e seus limitantes, algumas considerações são importantes, embora óbvias em sua maioria. A primeira constatação diz respeito à manifestação da Matemática no mundo da academia, que se dá em duas grandes frentes: a "científica" e a "pedagógica". É exatamente essa a manifestação que nos permite falar em uma prática "científica" matemática e uma abordagem teórico-prática da Matemática efetuada no campo da Educação Matemática como formas distintas, mas conectadas, de compreensão do mundo. E a percepção e elaboração dessa possibilidade de conexão, suas vantagens e limitantes, são objetos centrais de uma Filosofia da Educação Matemática, como já apontamos no capítulo anterior. Trata-se da compreensão e da meta-compreensão de um processo de intercâmbio entre o fazer educação tendo em mãos objetos, espaços, tempos e situações específicos, vindos da Matemática, nunca desvinculando, nesse fazer, teoria e prática.

A manifestação do discurso "científico" da Matemática dá-se, fundamentalmente, na pesquisa das diferentes áreas da ciência e na produção do conhecimento matemático, como efetuada por seus profissionais. Nisso incorporam-se outras manifestações, das quais são fundamentais: a produção do conhecimento matemático em estado nascente, a discussão sobre o conhecimento produzido e, finalmente, sua divulgação. A discussão que gera e nutre o conhecimento ocorre entre pares de uma mesma comunidade e é conduzida oral ou textualmente, em um grupo que, em geral, é restrito. A divulgação do conhecimento produzido por esse grupo dá-se preponderantemente via textos especializados, publicados em veículos específicos e dificilmente abertos a reelaborações, embora sugiram possibilidades de serem complementados. Essa possibilidade de complementação é uma das formas pelas quais se dá o trânsito de ideias e a possibilidade de produção contínua e cumulativa do conhecimento matemático.

Colocam-se, nessa manifestação do discurso científico, o oral e o escrito. A mediação do oral servirá não só como forma de veiculação do escrito, mas terá, no grupo restrito de especialistas no qual se dá a comunicação da produção, a função de explicitar intuições primeiras (que são não discursivas em sua gênese) ocultadas pelo texto que é discurso fixado, concretizado, pela escrita.

Há que se reiterar a curiosa e contraditória especificidade de uma linguagem – a matemática – preponderantemente escrita que, embora se pretendendo formal, dicotomizando radicalmente semântica e sintaxe, necessita, ainda, do apoio da linguagem materna para a comunicação das ideias. A linguagem materna, sendo mais do que escritura e oralidade, interfere nas pretensões formais e força, assim, a vinculação entre forma e conteúdo tão arduamente defendida como domínios separados em uma linguagem cuja gramática é definida pela Lógica.

Por outro lado, vemos que a manifestação do discurso pedagógico da Matemática dá-se nas inúmeras e divergentes situações de ensino e aprendizagem, dentre as quais a prática educativa da escolaridade formal tem sido hegemônica e, talvez equivocadamente, focada nos trabalhos dos quais temos tido referência. Mesmo que aqui estejamos, por agora, focando a linguagem matemática presente e praticada na escola, reconhecemos a pluralidade das formas de ensino e aprendizagem de Matemática, além das que ocorrem intramuros na instituição escolar.[16] Mesmo a pesquisa em Educação Matemática tem incorrido nesse equívoco de não considerar, em suas abordagens, formas alternativas de ação, culturalmente legítimas e significativas para o entendimento dos modos de argumentação acerca dos objetos matemáticos.

No discurso pedagógico da Matemática, que também caracteriza o campo de uma Educação Matemática, interagem posturas,

---

[16] É certo que se aprende e se ensina matemática em contextos sociais, em que a prática de cálculos, a informatização, o comércio cotidiano, a leitura de jornais e de outras mídias estão presentes, estruturando-os e colocando em funcionamento as "fórmulas" reconhecidas, pelos que estruturam e organizam esses contextos, como passíveis de serem mais bem-sucedidas.

metodologias, didáticas, textos escritos e falados, "esferas" obviamente não disjuntas. Interessados nas formas de tratamento da linguagem matemática em cursos formais nos restringiremos, aqui, à busca de similaridades e divergências entre essas duas formas de manifestação discursivas da Matemática: a pedagógica e a "científica".

Como elementos de reconhecimento mútuo, temos que ambos os discursos pautam-se na construção do conhecimento matemático plasmada na intuição subjetiva e na comunicação. E nesses mesmos elementos encontramos divergências entre os discursos: a comunicação entre os especialistas, na prática científica, restrita a um grupo fechado, funda-se na competência de conteúdos e no domínio absoluto da linguagem própria da área. A comunicação na prática pedagógica, ao contrário, é rica em pluralidades: contextos educativos distintos são distintos mundos, comportando pessoas diferentes quer seja em relação aos conteúdos, quer seja quanto ao domínio linguístico, comum ou formal, envolvido, havendo diferentes vivências contextuais em jogo. Os aspectos individuais das vivências são homogeneizados pela prática científica, como se fosse efetuada uma assepsia pelos pertencentes a um grupo entendido como suficientemente capaz e conhecedor da Ciência, colocando o que está sendo veiculado em linguagens e fórmulas padronizadas e simbólicas, visando que possa ser aceita como verídica. Há significativa diferença na qualidade das mensagens enviadas em cada um desses grupos: no discurso científico, são tratadas formas de Matemática em estado nascente, mas já bastante elaborada nas modalidades da linguagem tidas como aceitáveis; no pedagógico, trabalha-se com uma Matemática já solidificada, disponível, intensivamente reproduzida. Também é distinta a mediação feita pelo texto: sua função, na prática científica, é de divulgação, escoamento de produção; na prática pedagógica, a função precípua é a da aprendizagem. As características dos textos envolvidos difere relativamente, embora ambos se caracterizem, pelo modo apresentacional: são negligenciadas as exposições dos modos pelos quais ocorrem intuições, os caminhos pelos quais os conceitos foram compreendidos e, em casos específicos, aplicados, ficando implícitas as trajetórias percorridas para obtenção de "resultados". Enfim, o "caminho das pedras" trilhado na produção do conhecimento matemático não é esclarecido. Textos didáticos são "quase formais", enquanto textos científicos são radicalmente formalizados.

Texto e Hermenêutica

Falamos em discurso, textos, oralidade e escrita, termos que nos são caros e que necessitam elaboração para que seus significados mais tênues, frequentemente negligenciados, possam ser investigados. Discurso, escrita, oralidade e linguagem são fios que tecem a realidade quando nos dispomos a focar os processos interpretativos. A "Hermenêutica" – termo cujo sentido será, mais adiante neste capítulo, elaborado, mas que pode, desde já, ser tomado como "uma teoria geral da interpretação" – entra em cena.

Paul Ricoeur (1986, 1987, 1988), filósofo francês, afirma que uma abordagem à Hermenêutica deve privilegiar basicamente três elementos, que se desdobram e ramificam em outros, cruciais para a compreensão da existência: o discurso, o texto e as posturas aparentemente conflitantes assumidas na interpretação.

Linguagem será aqui tomada como expressão do sentido percebido, que pode ocorrer de diferentes "modos": por meio de gestos, da oralidade, da escrita, com maior ou menor grau de sofisticação simbólica etc. "Expressão" envolve processos de organização efetuados mediante atos de inteligibilidade que articulam o discurso, entendido, na obra heideggeriana como explicitação da inteligibilidade. É o discurso que "amarra" compreensões e modos de expressá-las, conduzindo a comunicação do que compreendemos acerca de algo, ou, falando mais genericamente, do mundo. Manifestando-se a compreensão via linguagem, esta se liga à Ontologia por falar da realidade do ente sobre o qual construímos nossas compreensões.

Além disso, a linguagem traz consigo a possibilidade de reter compreensões e expressá-las em discursos compreensíveis, como a fala e a escrita, permitindo, ainda, que regiões do conhecimento sejam formadas, posto que compreensões podem ser agrupadas sob certos aspectos e expressas em linguagens específicas. Discurso, tido como articulação da inteligibilidade, aparece aqui como uma forma de manifestação da linguagem, também tratado por Ricoeur (1988) como "evento" da linguagem, ou seja, como um acontecimento da linguagem. Eventos, porém, são evanescentes, transitórios. Aparentemente, então, o discurso-evento coloca-se como um paradoxo. O evento é transitório. A linguagem retém compreensões e modos de expressá-las, mas a linguagem proferida sem referência ao contexto em que o evento ocorre fica vazia de significação. É a significação do evento que dá ao discurso seu caráter duradouro. Vista como um entrelaçamento entre nome e verbo, e materializada na comunicação, embora não de forma unívoca, a significação dá durabilidade ao discurso. É pela significação do evento que o discurso pode identificar-se e reidentificar-se com o que pretende dizer, de maneira que o possamos dizer novamente ou por meio de outras palavras, reiventando-o, ainda que não se possa negar sua trajetória histórica. Essa dialética "evento-significação" mostra-se plenamente na comunicação.

A comunicação é um modo de o humano expressar-se em sua mundaneidade. Torna possível que a experiência vivida por uma pessoa seja comunicada a outra. Entretanto, a experiência vivida, como vivenciada por quem a experienciou, permanece incomunicável. Todavia, tendo a comunicação como um dos modos de ser, o humano sempre expressa sua compreensão fundada nessas experiências vividas. Temos, portanto, aí, o paradoxo da comunicação: o que é, então, comunicado, se as experiências vividas, como vividas, são incomunicáveis? Trata-se de um jogo de revelações e ocultamentos. A experiência própria, nossa experiência, embora de certo modo privada, desvela-se em fagulhas, indicativos, preenchidos de significado pelo outro, mediante a significação que esse outro elabora ao vivenciar experiências mundanas. O que é experienciado por uma pessoa não pode se transferir como tal experiência para mais ninguém. E, no entanto, algo se passa de um sujeito a outro. Eis o milagre ou o paradoxo. A experiência experienciada como vivida permanece privada, mas seu sentido, sua significação, torna-se pública.

O contexto, *locus* da significação, coloca-se como uma possibilidade de superação da não comunicabilidade da experiência. Decorre dessas considerações que o humano, não lhe bastando um sentido, procura por uma referência. Tal referência se descortina num conflito entre ela própria e o sentido, tendo como condição ontológica o trazer à experiência. Assim, a referência carrega a dimensão pública da significação ao fazer com que o outro perceba, na comunicação, a experiência experienciada como vivida. Dessa forma, esse nosso exercício em Filosofia da Educação Matemática, neste livro, foi concebido como um *locus* de significação, como uma tentativa de oferecer uma referência às teorias previamente esboçadas no capítulo inicial. Aquelas teorias surgem da necessidade de se compreender práticas, no caso particular deste segundo capítulo, as práticas vinculadas à linguagem e ao estilo matemáticos, e essas práticas, aqui expostas e debatidas, ocorrem nutrindo-se de concepções expostas e assumidas, especificando-as.

Assim, linguagem será concebida como discurso. Mas nenhuma teoria da interpretação será possível se não nos preocuparmos, também, com o problema da escrita, do texto. Texto é por nós entendido como o discurso fixado pela escrita,[17] sendo o escrito a captação da expressão por grafismos que representam as articulações dadas por essas manifestações. Esse texto, sabemos, é posterior à articulação. O que se fixa pela escrita é um discurso que se manifestou, mas que é fixado porque não se o diz mais. São as marcas materiais que, no texto, transportam a mensagem. A significação ao texto ocorre na leitura, no reviver dessas marcas materiais. Muito mais que uma simples decodificação de sinais gráficos, a leitura deve ser vista como um doar-se ao dito pelo texto, um ato de conhecimento. O que a leitura apresenta é a possibilidade de revelação do mundo ao leitor. Na leitura, a escrita universaliza o discurso no sentido de possibilitar, ao menos potencialmente, para qualquer leitor o entendimento de seus sinais gráficos, enquanto a fala particulariza seu discurso para um auditório restrito, não podendo prescindir da situação em que os interlocutores estão presentes em tempo real. Se, como no senso comum, tomássemos discurso como fala ou troca de perguntas e respostas, pensaríamos na leitura do texto como um diálogo entre autor e leitor. No entanto, o que se mostra no texto não é o dizer do autor, mas sua intenção de dizer. Leitura, portanto, é diálogo entre o leitor e a intenção de dizer de um autor. Sendo assim, o nascimento do

---

[17] "Texto" estará, nesse exercício, essencialmente conectado à "escrita". É concebido, portanto, como uma particularização de sua caracterização mais ampla, apontada no primeiro capítulo deste trabalho.

texto dá-se na leitura atenta, na qual escrita e palavra confundem-se, possibilitando a compreensão do discurso da intenção de dizer.

Na compreensão do dito pelo texto, vários aspectos estão presentes, constituindo a dinâmica da interpretação. Atuam, nessa compreensão, os direitos do autor que no texto coloca suas percepções e experiências no desejo de torná-las públicas; os direitos do texto que carrega em si, independentemente de como e quando foi gerado, as marcas materiais que transportam a mensagem; o direito do leitor que pode atribuir significado ao texto, transformá-lo e interpretá-lo livremente, redizê-lo e recontextualizá-lo. Os direitos do autor e do leitor convergem em uma importante luta que gera a tensão que sustenta o movimento da interpretação-compreensão que, por dar-se no círculo existencial hermenêutico, nunca finda.

Hermenêutica diz da interpretação. Richard Palmer (1986) afirma que a palavra grega *"Hermeías"* referia-se ao sacerdote do oráculo de Delfos. Essa palavra, o verbo *"hermeneúein"* e o substantivo *"hermeneía"*, mais comuns, remetem para o deus mensageiro alado, Hermes, de cujo nome aparentemente se originaram os verbo e substantivo mencionados. E é significativo que Hermes associe-se a uma função de transmutação, transformar tudo aquilo que ultrapassa a compreensão humana em algo que essa inteligência possa compreender. Em Aristóteles, no tratado *Perí Hermeneías*, o termo ainda não significa rigorosamente "interpretação", mas enunciação. O significado antigo mais difundido liga a palavra "Hermenêutica" ao estudo de textos sagrados da Igreja, como a defesa de Santo Agostinho sobre a necessidade de regras claras para o estudo das escrituras. Em meados de 1600, o termo aparece para nomear o conjunto de normas que norteariam os comentários sobre as escrituras. Essa vinculação Hermenêutica/Exegese permanece até o final do século XVII, quando o tratamento hermenêutico sai da esfera da Teologia. O filósofo alemão Schleiermacher (PALMER, 1986), criticando seus antecessores, no início do século XVIII, afirmava faltar à Hermenêutica de seus precursores contemporâneos considerações sobre o ato concernente a um ser vivo, humano, dotado de sentimentos e intuições. Faltava-lhes perceber o ato de compreensão como fundante de todo processo hermenêutico. Afirma que se compreende para interpretar e, interpretando, compreende-se mais e mais, num fluxo contínuo, sem fim. Nessa retroalimentação interpretação-compreensão, Schleiermacher estabelece, então, o eixo de todo o processo existencial: o círculo hermenêutico. O círculo existencial hermenêutico é o próprio movimento de interpretação no qual a existência humana acontece.

No que diz respeito ao ensino e à aprendizagem de Matemática, no círculo hermenêutico ocorrerá não somente a compreensão de conteúdos, mas, em um exercício radicado na Filosofia da Educação Matemática, ocorrerá também a metacompreensão desses conteúdos, seu cenário contextual e suas decorrências.

A postura hermenêutica, que acreditamos deva ser assumida por professores e alunos em sala de aula,[18] é, portanto, parte do processo existencial hermenêutico. Tal postura exige o debruçar-se sobre o texto, qualquer que seja, e nele aprofundar compreensões que subsidiem interpretações outras, que se abram a compreensões futuras e outras interpretações e compreensões. Com isso, nas salas de aula de Matemática estarão sendo elaborados significados para práticas científicas e pedagógicas da Matemática, privilegiando o social e o histórico, dado que a interpretação não ocorre descontextualizadamente e que nenhuma trama de significados se estabelece sem as negociações próprias que ocorrem em um mundo em que se vive-com-o-outro, tal é o significado de com-vivência.

Texto matemático e possibilidades de interpretação

O texto de Matemática é crucial para se caracterizar tanto o que chamamos de discurso científico da Matemática quanto o que caracterizamos como discurso pedagógico da Matemática. O livro didático, muitas vezes, é o único auxiliar do professor em sala de aula.[19] E assim como podemos esboçar as características do que tem sido chamado

---

[18] Para mais estudos sobre essa afirmação ver: Bicudo (1993) e Garnica (1992).

[19] Muitas vezes, o texto constituído por atividades escritas, explicando conceitos e solicitando ações, como exercícios de solução de problemas, aplicações de fórmulas a situações "práticas" etc., são os recursos de que os docentes dispõem para efetuar seu trabalho. Mas, mesmo quando têm à mão dispositivos de outras mídias, não se descarta a exigência de interpretação. Só que, dependendo das mídias e do modo de trabalhar com elas, o ensino poderá ou não ser o "tradicional".

"ensino tradicional" focando nosso olhar na postura conservadora do professor; no poder que, com poucos limites, esse professor exerce em sala de aula; nas didáticas de manutenção do quadro de fracasso ou, ainda, no assujeitamento de professores e alunos perante as demandas da política educacional ou das instituições, com facilidade podemos incluir como item de manifestação dessas posturas conservadoras alguns manuais didáticos ou, mais especificamente, os modos como os manuais didáticos são apropriados pelos professores em suas salas de aula. O texto de Matemática é um *locus* privilegiado no qual a linguagem matemática, formal e classicamente, se manifesta.

O texto matemático tem um estilo que o diferencia de qualquer outro texto. Devendo ser construído com ou a partir de uma gramática própria, a Lógica Matemática, e explicitado com os recursos de uma linguagem artificial, no sentido de ser constituída por símbolos que pretensamente dispensam semântica, o texto matemático é apresentacional no sentido de ocultar os caminhos de elaboração das argumentações nele expostas. Retraçar essa trajetória de construções é uma das tarefas que alunos e professores têm à frente. Para esse retraçar sugere-se, então, um trabalho hermenêutico do texto matemático para as salas de aula.

Num texto de 1988, George Steiner trata, em seus dois primeiros capítulos, da atual crise na alfabetização humanista, mostrando o crescente domínio da linguagem dita "científica" – em detrimento da literário-poética – e, no âmbito dessa, a predominância da linguagem matemática. Segundo Steiner (1988), depois que a Matemática torna-se moderna, referindo-se não ao movimento das décadas de 1950 e 1960, mas ao rigor da Matemática que caracteriza o século XVIII, a Matemática deixa de ser um instrumento para compreender o mundo e converte-se em linguagem fantasticamente fecunda, complexa e dinâmica. E a história de tal linguagem, afirma Steiner (1988), caracteriza-se pela progressiva intraduzibilidade. Temos, assim, uma linguagem simbólica com paráfrase também simbólica. Steiner (1988) admite, no correr do texto, a existência de tentativas de aproximação entre as linguagens formal e materna, e, para espanto nosso, pois nossos estudos, até então, nos levavam a compreensões distintas, conclui que algumas das expressões da linguagem formal parecem conservar um significado genérico, tendo a aparência de uma metáfora, o que, entretanto, segundo ele aponta, "é uma ilusão". Alguns anos depois, ao revisar seu texto, Steiner acrescenta a essa afirmação uma nota de rodapé, resgatando-nos daquele espanto causado pela frase inicial: "Já não tenho certeza de que seja assim... mesmo a metáfora ilícita, o termo tomado de empréstimo, embora mal compreendidos, talvez sejam parte de um processo de reunificação" (STEINER, 1988, p. 34). Essa reunificação, pensada como uma ação crítica, plena de historicidade, frente ao texto, poderia auxiliar na compreensão dos objetos matemáticos, suas cercanias, seu modo de dizer sobre o mundo. Nesse movimento interpretativo, agregam-se metáforas ilícitas,[20] formas de aproximação ao que o texto diz, ou modos de atribuirmos significado ao texto que, em princípio, não parecem ser "naturais". Tais metáforas, incorporadas à leitura do texto, ancoram a constituição de uma trajetória de construções e reconstruções para que os conceitos possam ser formados de modo cada vez mais significativo. Essa é, em resumo, a proposta de uma abordagem hermenêutica aos textos de Matemática.

Professor e alunos têm horizontes de compreensão, pois estão situados no mundo. Percebem e percebem-se. Como seres de História, como pertencentes à civilização, herdam, por essa pertença, uma tradição que os une. Nessa tradição, na herança comum do humano, reside a possibilidade do diálogo hermenêutico. A facticidade de pertencermos a certo tempo e lugar dá igualdade de condições para compreender o texto, tanto para o professor quanto para os alunos, possibilitando, assim, interpretações. É no encontro dessa pertença, que nos dá uma herança comum, uma tradição que ora se esconde, ora é revelada, com o horizonte do intérprete que se coloca a experiência hermenêutica. A pertença possibilita tanto a abertura ao texto quanto a compreensão pelas vias da interpretação. A atribuição de significados, porém, é elaboração do intérprete. Na fusão dos horizontes

---

[20] Na leitura do texto matemático, o apoio dado pelo dicionário ou pela atenção ao modo como expressões matemáticas são utilizadas na linguagem cotidiana são exemplos dessas metáforas: são um apoio – essencial, segundo nosso ponto de vista – para que o leitor atribua significado ao texto.

de compreensão do professor e dos alunos, o texto descortina sua mensagem de forma a inserir-se em ambos os horizontes, cada qual ao seu modo. A significação é, portanto, preponderantemente idiossincrática. Ela não está no texto ao modo como uma "coisa" estaria: ela é atribuída ao texto pelo leitor. A referência às ocorrências mundanas, tão necessária nos processos de ensino e de aprendizagem, pressuposta nessa significação, coloca-se como uma aplicação do expressado à realidade factual do intérprete, tornando tal significação presente, perceptível, compreensível, comunicável. Aplicação, aqui, mostra-se como referência e faz com que o texto, na leitura, reviva, contextualizando o presente no qual se coloca a tarefa hermenêutica. Tal tarefa tem, então, a função de tirar o texto da alienação em que se encontra, recolocando-o no presente vivo do diálogo, cuja primeira, mas não definitiva, realização é a pergunta e a resposta.

Não estamos tratando aqui da necessidade de uma coincidência congenial entre leitor e autor. É equivocado pensar que intérprete e autor possam aproximar-se num processo tal que um retome os processos mentais do outro. Não se trata da apropriação do gênio do autor. Aquilo de que importa apropriar-se, nos ensina Ricoeur (1988), é o sentido do próprio texto, concebido de modo dinâmico como a direção do pensamento aberta ao texto. Por outras palavras, aquilo de que importa apropriar-se nada mais é do que o poder de desvelar o mundo, o que constitui a referência do texto. É impossível aproximar-se "congenialmente" do autor do mesmo modo como é impossível o intérprete reger-se pela compreensão do endereçado original do texto. O sentido do texto está aberto a quem quer que o possa ler. A onitemporalidade da significação, não de autor e intérprete, é o que abre o texto a leitores incógnitos.

A produção de textos matemáticos como feita pela prática científica da Matemática rege-se por parâmetros próprios. Trabalham os matemáticos com uma Matemática em produção, e as negociações de significado dão-se em grupos que, de certa forma, são homogêneos: seus componentes têm a mesma linguagem, conhecem os mesmos instrumentos, partilham de uma realidade contextual extremamente próxima, manipulam os mesmos conceitos. Mesmo nisso há uma hermenêutica a reger o trabalho de decodificação de símbolos e elaborações, uma atribuição de significados compartilhados que interpreta, analisa e produz textos. Não poderia ser diferente. Nosso foco, entretanto, volta-se para a produção de significado aos textos do domínio do discurso pedagógico da Matemática. Nesse domínio, as construções matemáticas são reconstruções de um conhecimento já disponível, pois produzido e comunicado, embora cada aluno os reconstrua, em sua vívida criatividade, como que em um processo de produção do novo, e ocorrem em ambientes extremamente heterogêneos, ao que já fizemos referência.

A postura hermenêutica no discurso pedagógico da Matemática exige, sim, o apoio das metáforas ilícitas, dos erros conceituais, das aproximações possíveis entre termos matemáticos que ao mesmo tempo são termos da linguagem usual (e disso são tantos os exemplos), dos dicionários. Não se trata de negar a hermenêutica realizada por uma dada comunidade, mas de perceber que essa postura hermenêutica não dá conta de todas as situações. Alguns enfoques e abordagens à hermenêutica, ainda que sempre constitutivos da compreensão, são, por vezes, impotentes, precisando recorrer a outras práticas e alternativas. É o que ocorre se estivermos, em vez da Matemática, nos referindo à Educação Matemática.

Se a Filosofia da Educação Matemática nos coloca a pergunta "Por que a Hermenêutica no discurso pedagógico da Matemática?", cuja resposta tentamos, até o momento, esboçar, é lícito perguntarmos, particularizando o domínio dessa mesma questão, "Por que a Hermenêutica na formação de professores?".

O trabalho com textos em cursos de formação de professores inclui possibilidades de outra natureza. Além do tratamento ao texto para que os conceitos sejam compreendidos, o futuro professor precisa munir-se de argumentos para que o estudo desses textos seja significativo para si, como estudante e como futuro docente: é preciso conhecer e reconhecer os meandros que cercam o texto matemático, as teias de sua produção, a racionalidade de sua gramática, as exigências da comunidade matemática e o modo pelo qual as exigências dessa comunidade insinuam-se nos textos didáticos. É preciso que o enfoque hermenêutico possibilite a constituição de uma postura crítica não só em relação ao conteúdo próprio do texto e aos modos de compreender esse conteúdo, mas também em relação às particularidades que cercam o texto, aos jogos e negociações que o fazem ser o que é, às articulações extratexto. É preciso, portanto, transcender uma postura técnica e consolidar uma postura crítica frente ao texto matemático.

Uma crítica à abordagem dedutiva e formal como proposta pedagógica

No início deste capítulo, consideramos os discursos científico e pedagógico e elaboramos, mesmo que sinteticamente, elementos para análise mais demorada. Mas o essencial para nossos propósitos não foi ainda claramente explicitado: trata-se do tráfego de concepções existente entre os domínios científico e pedagógico, um tráfego que o exame hermenêutico ao texto de Matemática traz à tona.

Na sala de aula de Matemática, posturas e valores, próprios do campo da pesquisa, insinuam-se, são reproduzidos, fortalecidos e legalizados. Há um deslizamento da prática científica para a prática pedagógica da Matemática, prevalecendo o discurso científico sobre o discurso pedagógico, como pertinentemente apontado no trabalho de Maria Regina Gomes da Silva (1993).

Nesse deslizamento de concepções, parece ser aceito tacitamente que a forma de argumentação utilizada para garantir a validade do conhecimento matemático seja, hegemonicamente, a prova rigorosa, a demonstração formal. Ela é o foco de convergência dos olhares quando da gestação, geração, análise e avaliação do conhecimento matemático, quer seja na prática científica, quer seja na prática pedagógica desenvolvida, principalmente, nos cursos superiores.

Morris Kline (1970), debatendo-se contra a implantação do que foi então chamado Matemática Moderna, defende que a visão da abordagem dedutiva e formal como sendo a característica nuclear da Matemática é equivocada. Esse autor pretende, com sua possante retórica e apoiado em exemplos históricos extremamente esclarecedores, restabelecer o primado da intuição nos processos de criação do conhecimento matemático, advogando para que essa atenção à intuição seja levada às salas de aula como proposta pedagógica.

"Primeiro ponto", defende Kline (1970),

[...] a Matemática é uma atividade cujo primado é da atividade criativa, e pede por imaginação, intuição geométrica, experimentação, adivinhação judiciosa, tentativa e erro, uso de analogias das mais variadas, enganos e confusões. Mesmo quando um matemático está convencido de que seu resultado é correto, há muito para ser criado até encontrar a prova disso. Como Gauss afirmou: "Tenho meu resultado, mas ainda não sei como obtê-lo". Todo matemático sabe que trabalho árduo é necessário e que o sentido da realização deriva do esforço criativo. Construir a forma dedutiva final é uma tarefa entediante. [...] A lógica não descobre nada, nem o enunciado de um teorema nem sua prova, nem mesmo a construção de formulações axiomáticas de resultados já conhecidos. [...] Há um outro motivo pelo qual a versão lógica é uma distorção. Os conceitos, teoremas e provas emergem do mundo real. [...] A organização lógica é posterior. [...] De fato, se for pedido a um aluno realmente inteligente que cite a lei comutativa para justificar, digamos, 3.4 = 4.3 ele muito bem pode perguntar: "Por que a lei comutativa é correta?". De fato, nós aceitamos a lei comutativa porque nossa experiência com grupos de objetos nos diz que 3.4 = 4.3, e não o contrário. A insistência na abordagem dedutiva engana o aluno ainda de outro modo. Ele é levado a acreditar que a matemática é criada por gênios que começaram pelos axiomas e raciocinaram diretamente desses axiomas para os teoremas. [...] O aluno sente-se humilhado e desconcertado, mas o professor, prestativo, está totalmente preparado para demonstrar-se como um gênio em ação. Talvez a maioria de nós não necessite ouvir como a Matemática é criada, mas parece ser útil atentar para as palavras de Félix Klein: "Você pode ouvir de não matemáticos, especialmente dos filósofos, que a Matemática consiste exclusivamente em traçar conclusões a partir de premissas claramente enunciadas; e que, nesse processo, não faz diferença o que essas premissas significam, se são verdadeiras ou falsas, desde que elas não se contradigam. Mas alguém que tenha produzido Matemática falará algo bem diferente. De fato, aquelas pessoas estão pensando somente na forma cristalizada na qual as teorias matemáticas são apresentadas ao final de um processo. O investigador em Matemática ou em outra ciência, entretanto, não trabalha nesse rigoroso esquema dedutivo. Ao contrário, ele faz uso essencial de sua imaginação e procede indutivamente, apoiado por expedientes heurísticos. Pode-se dar numerosos exemplos de matemáticos que descobriram teoremas da maior importância que eles mesmos não puderam provar. Poderíamos, então, nos recusarmos a reconhecer isso como uma enorme realização e, em referência ao que foi dito acima, insistir que isso não é matemática? Nenhum julgamento de valor pode negar que o trabalho indutivo da pessoa que primeiro anuncia um teorema é, ao menos, tão valoroso quanto o trabalho dedutivo daquele que primeiro o provou. Pois ambos são igualmente necessários, e a descoberta é a pressuposição de sua conclusão posterior" (KLINE, 1970, p. 271, 272, 274, tradução nossa).

Há, no texto de Kline (1970), severa crítica aos filósofos, o que pode estabelecer uma contradição neste nosso capítulo, posto que advogamos ser tarefa da Filosofia explicitar fundantes e, no caso específico da Filosofia da Educação Matemática, elaborar a autopercepção do próprio processo de conhecimento dos objetos envolvidos no ensino e na aprendizagem de Matemática, visando a uma imersão consistente na prática. Mas a contradição, que advém da dicotomia radical entre comunidades, segundo cremos, é apenas aparente. Práticas hegemônicas estão presentes, diluídas em várias manifestações claramente perceptíveis, embora não possam, com facilidade ou justiça, ser creditadas especificamente a um grupo ou outro. Há práticas hegemônicas, e elas tendem a preservar o tradicionalismo, os métodos clássicos, a defesa da univocidade dos significados matemáticos, a interpretação única do texto didático de Matemática. Há práticas hegemônicas do mesmo modo como há focos de resistência. Seria equivocado estabelecer essa questão como uma disputa entre quadrilhas. Há matemáticos resistentes à mudança como há educadores matemáticos resistentes, ou seria mais correto afirmar que há autodenominados matemáticos resistentes e autodenominados educadores matemáticos resistentes à mudança. Convivemos com profissionais que, em seu trabalho diário, bem nos mostram pesquisas recentes, desenvolvem e reproduzem a ideologia da certeza matemática como certeza absoluta, do método dedutivo como redentorista e da concepção de que a excelência do conteúdo, por si, garante a prática pedagógica. No mais, convivemos com os vetores da mesma ideologia que, em meados da década de 1960, instituiu a Matemática Moderna que, no artigo mencionado, é alvo de Kline (1970). O conservadorismo não pode, portanto, em termos absolutos, ser creditado a uma ou outra comunidade.

Entende-se, porém, que a prática de pesquisa em Matemática tem certos valores e procedimentos baseados nesses valores, que, tendo se revelado como extremamente produtivos para a criação matemática, estabelecem-se como hegemônicos e deslizam ideologicamente para a prática pedagógica. Ocorre que a história e as experiências contextuais nos têm mostrado que tais procedimentos e valores da prática científica de Matemática parecem não ser convenientes para uma prática pedagógica de Matemática que se pretenda consistente. Disso tudo, podemos estabelecer que a prática científica de Matemática é, tendencialmente, conservadora, ao passo que a prática pedagógica da Matemática, objeto central de uma Educação Matemática, deve buscar estabelecer-se como contrária a alguns conservadorismos.

Uma das manifestações mais claras desse conservadorismo pode ser encontrada não só nos textos didáticos de Matemática, mas também no modo como esses textos de são levados às salas de aula. Caracterizados por seu modo apresentacional, ao qual já nos referimos, numa linguagem extremamente formalizada e por vezes introduzida precocemente, os textos parecem privilegiar a concepção de uma Matemática pronta, cujo alcance requer esforço individual, "traduções" unívocas e corretas, raciocínios sempre claros, diretos, assépticos. Parece privilegiar uma abordagem ao texto e, consequentemente, à linguagem matemática e à própria Matemática, que negligencia qualquer possibilidade de exame hermenêutico. Esse seria visto como um modo de ação perante o texto didático que preserva um estilo: o estilo matemático. Esse estilo impõe-se seguindo os parâmetros rígidos de uma lógica formal que dita as formas pelas quais toda e qualquer argumentação acerca do conteúdo matemático deve proceder. O modo apresentacional do texto de Matemática preserva, defende e perpetua a prova rigorosa como a forma ideal e única de acesso às justificativas matemáticas. Caracteriza-se, assim, a prova rigorosa como a essência do estilo matemático.

Técnica e crítica: *a prova rigorosa e o estilo matemático*

A partir desse ponto, algumas questões devem nortear nossa investigação: o que é a prova rigorosa? Por quais caminhos iniciou sua presença, hoje dominante, na produção de conhecimento matemático? Há outras possíveis formas de argumentação sobre a validade das afirmações em Matemática? Quais (e por que) resistências têm sido enfrentadas para a utilização de modos alternativos de justificar?

Buscar o caminho histórico que constitui a prova rigorosa como fundamental ao estilo matemático passa, naturalmente, pela constituição da própria Matemática como ciência hipotético-dedutiva. As raízes históricas dessa constituição parecem iniciar-se na Grécia, tendo *Os Elementos* de Euclides um papel essencial nessa trajetória. Certamente formas de argumentação sobre proposições de natureza matemática podem ser encontradas em registros bem anteriores. Posto que todo conhecimento é um acumular de esforços, temos que todas as manifestações argumentativas em torno da verdade matemática parecem convergir na sistematização realizada por Euclides no terceiro século antes da era cristã. O programa euclidiano pode ser visto, inclusive, como inspiração da formalização que modernamente irá se cristalizar com a Axiomática de Hilbert.

Duas são as explicações mais frequentemente dadas a essa transformação. Arsac (1987) trata dessas duas teses, gerando, por exclusões e complementações, uma terceira. A tese clássica sobre os motivos para o surgimento da prova rigorosa, conhecida como "externalista" por não envolver diretamente a produção de conhecimento matemático, é dada na afirmação de que, sem questionamentos prévios, ocorreria, na Matemática então produzida, a aplicação das regras do debate argumentativo que governava a vida política na cidade grega, a *pólis*. Por outro lado, a tese internalista, cuja pergunta é "Qual problema (matemático) tornou necessária a demonstração?", considera como gerador da transformação o obstáculo enfrentado com a questão da irracionalidade. Em relação a essa tese, duas faces devem ser consideradas: uma análise num quadro aritmético e outra num quadro geométrico. No primeiro, constata-se que o número 2 não admite raiz quadrada racional, enquanto que na abordagem geométrica constata-se a impossibilidade da diagonal do quadrado admitir partição comum com seu lado. A incomensurabilidade, porém, é impossível de ser constatada única e exclusivamente a partir do traçado gráfico. Pela figura, acreditar-se-ia na possibilidade da partição comum. Assim, as provas da irracionalidade no domínio aritmético implicam o uso do raciocínio por absurdo. Não se pode, entretanto, precisar o grau de abstração e a necessária axiomatização do conceito de número utilizada, mas essas considerações permitem a Arsac (1987) elaborar uma nova tese, dupla: (a) sem o problema da irracionalidade a transformação da Matemática em ciência hipotético-dedutiva não se daria, mesmo na sociedade grega; e (b) num outro contexto social, mesmo se confrontados com o mesmo problema, a Matemática não teria se transformado como ocorreu na Grécia.

O programa euclidiano vem dar a forma ideal para que a Matemática se consolide/cristalize como ciência hipotético-dedutiva. Posteriormente, essa cristalização alia-se à simbolização e às regras da lógica, que regem a argumentação, forjando o modo pelo qual a Matemática pode ser reconhecida, mostrando-se em textos. A formalização textual, embora carregando certas vantagens ao pensar matemático, cria lacunas que, na prática pedagógica, devem ser superadas. Essa superação exige, como já consideramos, um exame hermenêutico ao texto. E é a própria formalização que, por fim, pede por essa atribuição de significados, ao exigir a intraduzibilidade e, ao mesmo tempo, conservar latente, em si, o sentido da verdade que se quer desvelar. Ao mesmo tempo que se mitifica, o texto de Matemática abre-se à possibilidade de ter seu sentido revivido pelo trabalho hermenêutico.

Lavalle (1977) afirma que o texto, pela formalização, torna-se dominável, certo, tranquilizador e rigoroso. Bourbaki (LAVALLE, 1977) diz que a formalização se apresenta sempre como elaboração, remanejamento de um discurso espontâneo, natural, ingênuo, centrado na intuição da presença do objeto. Uma "palavra", segundo a expressão de Bourbaki

> [...] é um signo no texto inicial, isto é, totalidade de um significante e de um significado. O que é signo para o matemático em sua prática primeira torna-se forma vazia na formalização de seu texto. O ponto capital em tudo isso é que a forma não suprime o sentido, ela não faz senão empobrecê-lo, afastá-lo,

conservá-lo a sua disposição para que possa ser reativada em seu sentido, mediante trabalho intenso do sujeito visando abrir-se a sentidos e significações possíveis. Crê-se que o sentido vai morrer, mas é uma morte em moratória: o sentido perde o seu valor, mas guarda a vida, da qual a forma do mito vai nutrir-se. A Matemática torna-se mítica quando procura fundar-se pela exclusão do sentido (LAVALLE, 1977, p. 193-202).

Prova e demonstração são tidos como sinônimos: é a argumentação que atesta a veracidade ou autenticidade, que dá garantias, é testemunho, processo de verificação da exatidão de cálculos ou raciocínios, é dedução que mantém a verdade de sua conclusão, apoiando-se em premissas admitidas como verdadeiras. Em Matemática, "prova" ou "demonstração" sempre vêm, implícita ou explicitamente, adjetivados: são "rigorosas" ou "formais". A necessidade ou não de tais adjetivações dependerá, em muito, dos aspectos focados: para uns, os matemáticos chamados "puros", uma prova é, já, prova rigorosa. Para outros, o rigor estabeleceria, entre as várias provas matemáticas possíveis, aquelas herdeiras diretas da sistematização euclidiana. O programa de Euclides, plasmado em uma concepção platônica, contemporaneamente assegurado e elevado ao status de *essencial* ao fazer matemático, opera principalmente pelo formalismo, concepção que mais do que qualquer outra abordagem intervém no fazer cotidiano da sala de aula e na própria produção científica em Matemática. A noção de prova é um dos principais eixos pelo qual trafegam as concepções sobre Matemática. Nesse eixo são engendrados, como pudemos considerar, o caráter mítico da Matemática, sempre alimentado por uma proliferação desmedida da ideologia da certeza, pelas significações unívocas de seus conceitos e por seu caráter de eternidade espaço-temporal.

Trata o exame hermenêutico, portanto, de relativizar essas formas de tratamento ao objeto matemático, instaurando em sala de aula processos legítimos de apropriação de significados diversos daqueles empregados pela prática científica de Matemática. Tratará o exame hermenêutico, a partir das perspectivas aqui discutidas, de disparar ações críticas, suavizando as posturas classicamente técnicas. Mais uma vez, não se trata de estabelecer, também aqui, dicotomias absolutas.

Técnica e crítica complementam-se. Talvez um exame hermenêutico desses termos possa conduzir melhor essa nossa linha de pensamento.

Como "técnico" tomamos o que é subjugado por normatizações postas, definidas, as quais terminam por adjetivar as trajetórias que buscam, objetivamente, um fim. Segundo Lalande (1993), o vocábulo "técnica" pode ser concebido como um conjunto de procedimentos bem definidos e transmissíveis, destinados a produzir resultados considerados úteis, sendo entendido em oposição à reflexão. O dicionário filosófico de Japiassú e Marcondes (1993) apresenta "técnica" como habilidade prática, originalmente concebida, no debate científico, como oposta ao contemplativo: "A ciência era considerada um conhecimento puro, contemplativo, da natureza do real, de sua essência, sem fins práticos. A técnica, por sua vez, era um conhecimento prático, aplicado, visando apenas a um objetivo específico" (JAPIASSÚ; MARCONDES, 1993, p. 232). Em Giles (1993) encontramos, vindo de Aristóteles, o verbete "*tékhne*", termo grego no qual radica nossa "técnica":

> 1. No sentido mais geral, qualquer coisa criada propositalmente por seres humanos, em contraste com aquilo que resulta de obra da natureza. 2. O artesanato, uma técnica, uma aptidão, o que inclui a capacidade de fabricar objetos (escultura, roupa, sapatos, vasos, poemas etc); de fazer algo (ensinar, curar, a diplomacia); de apresentar (declamar, dramatizar, cantar). 3. Em termos precisos, o conhecimento sobre como fazer ou fabricar algo. 4. O conhecimento racional, profissional, de regras de procedimentos envolvidos em fazer ou fabricar algo. Inclui-se sob esse rótulo uma variedade de ciências e artes (GILES, 1993, p. 150).

Essa dimensão da arte envolvida no termo "técnica" é também apontada por Ubiratan D'Ambrósio, no vocabulário crítico do seu *Etnomatemática*, livro de 1990: "'tica' [presente em matemáTICA] sem dúvida vem de *tékhne*, que é a mesma raiz da arte e da técnica" (D'AMBROSIO, 1990, p. 5). Essa breve hermenêutica do termo, apoiada na etimologia, mostra uma face que o uso corriqueiro da linguagem, num primeiro instante, despreza: há arte na técnica.

Ao termo "crítico" atribuímos, também, o significado mais original, ditado pela Filosofia e tornado tema kantiano com o sentido de "livre e público exame". Segundo Lalande (1993), crítica é o exame de um princípio ou de um fato a fim de produzir sobre ele um juízo de apreciação; segundo Japiassú e Marcondes (1993), crítica tem o sentido de atitude do espírito que não admite nenhuma afirmação sem reconhecer sua legitimidade; uma abertura aos fundamentos, no desejo de aprofundar as raízes do movimento de interpretação/compreensão/comunicação que constitui nossa abordagem ao mundo.

Nos sentidos apontados, nem técnica exclui o viés da criatividade, pois não é mero fazer mecânico, nem crítica ignora o saber técnico como possível referência. Para esclarecer os possíveis contatos entre termos que, longe de serem sinônimos, mantém relações muito próximas, somos levados a Gadamer.

Em seu *Verdade e método*, obra capital para a Filosofia, Gadamer (1999) afirma que, quando os gregos falam "*tékhne*" falam da ação governada pelo conhecimento. *Tékhne* é a habilidade, o conhecimento do artesão que sabe como fazer algo específico. Sócrates e Platão – ainda segundo Gadamer – aplicaram *tékhne* ao conceito de ser homem.

> Na esfera política o modelo da *tékhne* tem uma função eminentemente crítica, no que revela a insustentabilidade do que é tido como a arte da política, na qual todos os envolvidos – isto é, todos os cidadãos – se consideram *experts*. De modo distintivo, o conhecimento do artesão é o único que Sócrates, em suas conhecidas considerações acerca da experiência de seus conterrâneos, reconhece como conhecimento real dentro de sua esfera. Mas mesmo os artesãos o desapontam. Seu conhecimento não é o verdadeiro conhecimento que constitui um homem e um cidadão como tais. Mas é um conhecimento real. É arte e habilidade reais, e não meramente um alto grau de experiência (GADAMER, 1999, p. 469).

A referência a Sócrates, certamente, vem do diálogo platônico *Defesa de Sócrates*:

> Por fim fui ter com os artífices; tinha consciência de não saber, a bem dizer, nada, e certeza de neles descobrir muitos belos conhecimentos. Nisso não me enganava; eles tinham conhecimentos que me faltavam; e eram, assim, mais sábios que eu. Contudo, atenienses, achei que os bons artesãos têm o mesmo

defeito dos poetas; por praticar bem sua arte, cada qual imaginava ser sapientíssimo nos demais assuntos, os mais difíceis, e esse engano toldava-lhes a sabedoria. De sorte que perguntei a mim mesmo, em nome do oráculo, se preferia ser como sou, sem a sabedoria deles em sua ignorância, ou possuir, como eles, uma e outra; e respondi, a mim mesmo e ao oráculo, que me convinha mais ser como sou (PLATÃO, 1972, p. 15).

É também em Platão que Jaeger (2001) se apoia:

> Platão compreende que o homem não dita as leis a seu bel-prazer, mas que a situação constitui um fator determinante. São a guerra, a miséria econômica, a doença e as catástrofes que originam as revoltas e as inovações. A *týche* [correntemente traduzido como "destino", ou os eventos, o sucesso ou a adversidade] é onipotente na vida do homem e de sua coletividade. É Deus quem manda mais, a seguir vem a *týche* e o *kairós* [a oportunidade, a ocasião, o tempo próprio para a ação] e, como terceiro fator, a indústria humana, a *tékhne*, que lhes acrescenta o que a arte do timoneiro faz no meio da tempestade, ajuda por certo nada desprezível (JAEGER, 2001, p. 1339).

Assim, se acreditamos que crítica e técnica delimitam, em relação a um determinado conteúdo, a região de uma disposição para tematizá-lo (a região da crítica) e outra (a região da técnica) que trata de trabalhá-lo de forma utilitária, temos também que as citações e referências, que vieram à tona nesse exame hermenêutico, são argumentos cabais para percebermos interrelações nessa paisagem. A técnica parece incorporar o criativo inerente à arte, mostrando-se permeável à possibilidade de crítica. A crítica, por sua vez, incorpora o domínio do técnico para questioná-lo à luz de outros modos de visão. Castoríadis (1987), talvez por esse motivo, veja a tecnização como um germe da crítica, devendo ser essa mesma crítica a opção do pensamento filosófico contextualizado e comprometido.

Moura (1989) ressalta a compreensão de Husserl sobre o vínculo entre "técnica" e "representação simbólica", o que apoia nossa tentativa de caracterizar um paradigma técnico próprio do discurso científico da Matemática. Segundo Husserl (*apud* MOURA, 1989), a crise do ideal platônico está na origem da decadência contemporânea, decadência essa que pode ser traduzida pela atual alienação técnica da ciência. Se, segundo tal ideal, caberia à Lógica permear a ciência como sua fundamentação e clarificação, na verdade os tempos modernos exprimem dupla decadência. Moura (1989) esclarece:

> Em primeiro lugar, a relação entre a lógica e a ciência se desfaz, as ciências tornam-se autônomas em relação à lógica; em segundo lugar, a lógica será cúmplice desse processo de dissolução do ideal clássico, pois perde de vista sua missão histórica, torna-se ela mesma uma ciência especial a lado das outras e deixa-se dirigir pelas ciências positivas. Agora, a lógica será tão pouco filosófica quanto as demais ciências; ela também será incapaz de efetuar uma compreensão e justificação de si própria. O que significará dizer que a lógica se tornará igualmente uma "técnica". Os *Prolegômenos* de Husserl já tratavam a lógica e a matemática como técnicas e já definiam a técnica como um não-saber. O matemático já era tratado ali como "o técnico engenhoso", o construtor que edifica a teoria como uma obra de arte técnica. Ao elaborarem teorias, tanto o matemático quanto o lógico não possuem uma "intelecção última da essência da teoria em geral e da essência dos conceitos e leis que a condicionam". O trabalho da filosofia será preencher esse vazio com o qual convive a técnica. Se a lógica transformou-se em técnica, deve haver um elemento interior a ela mesma que tacitamente conspirava com essa destinação, um fator congênito ao pensamento lógico: o modo puramente simbólico pelo qual nos são dadas as ideias lógicas. A técnica é indissociável de uma compreensão meramente simbólica da lógica (MOURA, 1989, p. 48).

Essa abordagem husserliana à Lógica e à Matemática, discutida por Moura (1989), vem corroborar, em uma perspectiva distinta, mas não divergente, nossas considerações anteriores, primando por colocar na gênese do técnico um modo simbólico caracterizador, principalmente, das ciências contemporaneamente ditas "exatas". A lógica, a gramática da Matemática que adquire vida própria vista, então, como técnica, remete-nos à compreensão de uma ausência de significação inerente a ela, dada na gradual perda de significados pela fuga forçada da semântica e no impedimento de uma aproximação intuitiva direta, exigindo, então, uma complementação de natureza filosófica.

Tal complementação poderá ser, no contexto da prática pedagógica da Matemática, o exame hermenêutico como aqui já apresentado.

As origens das investigações dos fundamentos da Matemática no início do século XX têm pelo menos uma consequência lamentável, segundo Livingston (1996): o interesse principal dos estudos à época era demonstrar que os métodos matemáticos estavam livres de críticas e, com isso, a atenção voltou-se à construção de fundamentos indubitáveis a prática desses profissionais. Como consequência, continua Livingston, o interesse na questão original sobre o que configurava a prova matemática como evidente cedeu lugar ao interesse de demonstrar a "natureza incorrigível" dessas provas.

O exame hermenêutico do texto, íntimo aliado de uma postura crítica que deve ser caracterizadora de uma Educação Matemática, permite, segundo pensamos, a tematização da linguagem simbólica própria da Matemática, frequentemente, nos textos didáticos, manifestada em enunciados e provas, explicitando seus fundamentos e razões, auxiliando a descortinar outras possibilidades de acesso aos conceitos e abordagens.

A Educação Matemática seria, então, o campo propício para o estabelecimento de uma postura crítica em relação à Matemática e ao seu estilo, contrapondo-se à esfera da produção científica de Matemática, campo de uma postura técnica tendencialmente conservadora quanto ao ensino e à aprendizagem. Vislumbra-se o destino crítico da Educação Matemática por um dinamismo que lhe é próprio, quer na aceitação de metodologias alternativas, quer seja por não poder desvincular sua prática de pesquisa da ação pedagógica, pela tendência em valorizar o processo em detrimento do produto ou por suas várias tentativas de estabelecer, para si própria, parâmetros próprios para qualificar suas ações. Matemática e Educação Matemática, aqui, são concebidas como práticas sociais e, nesse contexto, poder-se-ia pensar na filiação de uma a outra se, como sugere Baldino (1991), a Matemática incorporasse a Etnomatemática em sua esfera. Tal incorporação, porém, é dificultada porque exige uma quebra de preconceitos que sempre caracterizaram o fazer científico, principalmente o da Matemática, que no campo das ciências destaca-se quer por sua anterioridade histórica, quer por seu papel privilegiado no difícil problema da transmissão intercultural.

Etnoargumentações: ultrapassando o panorama eurocêntrico

As considerações anteriores nos levam a detectar uma lacuna até agora não discutida neste exercício filosófico sobre a linguagem matemática. Até aqui, considerou-se a Matemática necessariamente vinculada a uma linguagem simbólica e visceralmente conectada à lógica e às provas rigorosas que caracterizam seu estilo. Implícito em todas essas nossas discussões esteve, entretanto, o espaço no qual essa Matemática ocorre, isto é, a Academia, a Matemática das escolas. Colocar a prova rigorosa ou a linguagem simbólica, quase sinônimos, como centro de uma concepção sobre Matemática é, por certo, conceber como Matemática apenas como "ciência", comungando com um programa eurocêntrico que não concebe a existência de matemáticas diferenciadas, próprias de contextos que transcendem a instituição escolar classicamente referenciada. Tal programa eurocêntrico despreza a possibilidade de etnomatemáticas, uma das mais potentes e criativas tendências atuais em Educação Matemática. Segundo pensamos, um germe para a transgressão desse eurocentrismo, ou de seu sistema de nomenclaturas, práticas e enfoques, pode ser encontrado mesmo dentro dos próprios ambientes escolares, e não só em modos de vida culturalmente diversos.[21]

Até então, mesmo que para uma proposta crítica, estávamos focando, como ponto de partida, a questão "Como, a partir da prova rigorosa ou da linguagem formalizada, engendrar uma análise à prática da Matemática e sugerir abordagens alternativas?". Na verdade, a lacuna a ser sanada em toda essa nossa apresentação mostra-se ao tomarmos a prova rigorosa como ponto de partida de todo um processo. Ressaltada essa lacuna, parece ser necessário perseguir uma proposta mais ousada do ponto de vista da ação: como compreender

---

[21] Hoje, quase dez anos depois de termos escrito a primeira versão deste livro em que tentávamos expor nossas ideias sobre as possibilidades que a etnomatemática abria para o mundo do trabalho com a Matemática, notadamente aquele da Educação Matemática, vemos que se tornou usual que pesquisadores em Etnomatemática concebam que a transgressão (à qual nos referimos neste parágrafo) seja encontrada em qualquer grupo social. Daí a força que vem obtendo a Sociologia nessa tendência primariamente criada com inspiração antropológica.

as formas de argumentação relativas aos conteúdos matemáticos que, efetivamente, ocorrem em sala de aula? Certamente a prova rigorosa é, ou pode ser, uma dessas formas, mas há outras que certamente temos negligenciado e, agora, pretendemos retomar. A questão da prova rigorosa também pode ser posta sob suspeita. A prova rigorosa da Matemática ocidental encontra suas raízes na racionalidade grega, principalmente no modo de essa cultura trabalhar com as proposições e seus encadeamentos. Haveria "provas rigorosas" em culturas que não trabalharam com a racionalidade da linguagem proposicional? Como essas provas apareceriam nas práticas matemáticas dos povos dessas culturas? Elas fundamentariam "verdades" matemáticas presentes nas suas práticas matemáticas?

A Etnomatemática se revela como programa de pesquisa que não parte de um referencial de racionalidade, mas que está aberta a outros sistemas de construções de verdades. Desse modo, nós a vemos como um caminho que poderá contribuir para a compreensão de aspectos da Matemática talvez mais ligados a possibilidades antropológicas de o homem ser no mundo com os outros.

Nos textos de Matemática de cursos universitários típicos do presente de uma civilização ocidental, por exemplo, percebe-se com mais facilidade a onipresença da formalização. Dificilmente, porém, serão encontradas, no trabalho cotidiano do professor da escola elementar, formalizações sofisticadas do ponto de vista matemático. Obviamente, haverá sempre, em qualquer nível de trabalho com Matemática, uma formalização naturalmente exigida pela disciplina: alguns símbolos específicos, algumas regras de formação, uma gramática que, mesmo quando não rigorosa, depende de uma alfabetização específica: a alfabetização matemática. Mas, nesse viés, e reforçamos que essa diferenciação tem como objetivo o trabalho com formas de justificação e não um truncamento ideológico de níveis de ensino ou conteúdos matemáticos, parece necessário estabelecer duas formas distintas de argumentação frequentemente empregadas nas salas de aula: as justificações semiformais e as formais. O termo "formal" participa, aí, claramente, por ser o trabalho com a Matemática escolar naturalmente envolto com sistematizações outras que aquelas dadas unicamente pelo cotidiano e pela linguagem natural. Há uma forma própria de ser da Matemática.

Esse trabalho tem, porém, instâncias diferenciadas e poderá ser mais ou menos "elaborado" do ponto de vista da linguagem formal. A distinção dar-se-á pautada em critérios semelhantes aos que distinguem aqueles discursos, o pedagógico e o científico, da Matemática.

Para as matemáticas que ocorrem fora do sistema escolar, que em sincronia com D'Ambrósio (1990) chamaremos "as etnomatemáticas", outra categorização precisa ser pensada. Se não há um trabalho com a linguagem artificial da Matemática, o termo "formal", como o aplicamos aqui, perde um pouco seu sentido. Poderíamos, nesse caso, chamar as justificações "naturais", ou seja, sem serem pautadas na demonstração de uma proposição significa argumentar sobre sua validade, usando as regras de inferência fornecidas pela lógica, a partir de proposições demonstradas anteriormente, justificações que ocorrem seja na sala de aula, seja para justificar tipos alternativos de matematizações alternativas, de etnoargumentações ou argumentações não formais.[22]

Argumentações semiformais são aquelas em que se nota, por exemplo, uma participação orgânica, essencial, da linguagem ordinária e de práticas do cotidiano dos argumentadores. Também das argumentações formais a linguagem ordinária do cotidiano participa. Negar isso seria negar todo um trabalho anterior quando afirmávamos, junto com muitos autores, sobre uma interconexão vital entre linguagem materna e linguagem matemática e que, nessa interconexão, deveriam ser buscadas compreensões para a revitalização semântica de uma linguagem que se pretende puramente sintática: um projeto de vinculação essencial ao ensino e à aprendizagem da Matemática. Mas, na prática usual, a linguagem natural tem servido para a mera tradução dos códigos matemáticos, fortalecendo a formalização em vez de dar a ela uma referência mais significativa.

Um modo de compreender o significado dos limitantes e das potencialidades das provas rigorosas é buscar, no bojo de nossa cultura, o que contextos semiformais ou não formais oferecem como suporte mais viável para análise no contexto social, cultural, econômico e

---

[22] Essa é uma ideia que aqui está apenas esboçada. Entendemos que caberá à pesquisa em ou sobre Etnomatemática elaborá-la, caso ela se mostre relevante.

linguístico de quem argumenta, afastando-nos, para esse propósito de estudos sobre a aplicação de regras lógicas ou raciocínios dedutivos.

Talvez seja isso, também, um possível indicador da necessidade de demarcação que encontramos na Educação Matemática que praticamos em nossas escolas: por um lado, o raciocínio indutivo como forma mais frequente de ação em certos modos de produção de justificativas e, por outro, a exigência de deduções.

Estamos, e disso somos cientes, sempre às voltas com a Matemática que nos chegou às mãos em nossa civilização. Claramente, essa Matemática está enraizada na teorização efetuada ao longo dos séculos da formulação dos grandes sistemas gregos – como os de Parmênides, Platão e de Aristóteles –, trazidos pela tradição ocidental, ao âmbito das ciências, pela obra de Euclides e se "democratizando" nas práticas sociais em que foram se instalando.

Entretanto, sempre fomos perseguidos por uma interrogação: ao que costumamos chamar de Matemática, o que é nuclear? Ou seja, quais as ações ou práticas efetuadas que, independentemente do edifício da "ciência Matemática", construído pela civilização ocidental, podem ser caraterísticas do "fazer matemático"?

Não se trata, portanto, de considerar como etnoargumentações somente aquelas justificativas que ocorrem fora da escola. Uma atenção à fala e à escrita do aluno, suas argumentações e anotações "naturais", que também se oferecem ao exame hermenêutico, são extremamente potentes para o exercício didático e pedagógico da Matemática por indicarem os limitantes de uma postura eurocentrada.

Resumindo e apontando

Tendo sido nosso objetivo com este capítulo explicitar um exercício de investigação filosófica sobre um tema em Educação Matemática, iniciamos apresentando considerações sobre linguagem e linguagem matemática, passando por diferenciações discursivas e pela possibilidade de exame hermenêutico ao texto de Matemática. Quanto a esses textos, focamos o estilo matemático como aquele que mais claramente se explicita, a partir do programa euclidiano, pelas provas rigorosas, sustentando o exame hermenêutico, uma interpenetração das posturas técnica e crítica, como essencial ao processo de atribuição de significado ao texto. Mais que isso, apresentamos esse mesmo exame como potencialmente produtivo para a investigação de argumentações semiformais e informais, etnoargumentações, com o que se poderá questionar o panorama eurocêntrico que, caracterizando a Matemática contemporânea, desliza, ideologicamente para a Educação Matemática, solicitando tratamento urgente pelos professores-pesquisadores. Essa nossa tentativa de apresentar um exercício filosófico específico se esbarra na pluralidade de perspectivas com que qualquer tema pode ser focado e não se faz como um exercício linear. Estrutura-se com idas e vindas, elaborações e maturações, dinâmica que é própria do pensar filosófico. É um esboço que pretende lançar possibilidades de investigação e de prática pedagógica, mostrando as potencialidades da abordagem filosófica que, não podendo ocorrer desvinculadamente da história, da cultura e do panorama social, apenas sugere caminhos. Caberá ao leitor a decisão de percorrê-los.

Palavras finais

Entendemos que a Filosofia da Educação Matemática caracteriza-se por um pensar reflexivo, sistemático e crítico sobre a prática pedagógica da Matemática e sobre o contexto sociocultural no qual ocorrem situações de ensino e de aprendizagem de Matemática.

Mais do que temas centrais, entendemos serem importantes as perguntas que conduzem as investigações e respectivos modos de proceder nessa região de inquérito. As perguntas "para quê?", "por quê?" e "o que vale?", apontadas para a teoria e prática da Educação Matemática, deslocam o tratamento dado a essas questões para o âmbito da Filosofia e passam a caracterizar um pensar filosófico se forem trabalhadas em uma perspectiva abrangente, construindo um discurso argumentativo em que as proposições básicas fiquem expostas, criticadas. Constrói-se um discurso no qual se avança por meio de reflexões, de indicações, de indícios.

Mais do que um rol de temas, consideramos que a atitude do pensar filosófico mantido na ação investigadora da prática pedagógica focalizada na realidade vivida nos ambientes de ensino e aprendizagem de Matemática é crucial para a investigação da Filosofia da Educação Matemática. Essa realidade vivida é por nós considerada como o ponto de referência da análise que preenche de sentido e significado o movimento ação-reflexão-ação tão enaltecido entre os educadores. Para proceder desse modo é preciso que mantenhamos nossa direção e que tenhamos como norte a perspectiva assumida, a indagação formulada e a busca efetuada em múltiplas abordagens.

Tendo como centro o ensinar e o aprender Matemática, realizamos também uma investigação em torno da linguagem matemática, exercício no qual se tenta ultrapassar o ambiente da sala de aula, focando a etnoargumentação como elemento vital para que se compreendam as argumentações que, fora do ambiente puramente acadêmico de matemáticos, abrem possibilidades de transcender-se o panorama estritamente eurocêntrico, ainda hegemônico. Tal exercício, em sua intenção, que acaba por caracterizar a natureza de todo esse nosso trabalho, é esboço de um pensar filosófico sistematizado que, seguindo as perspectivas apontadas, apresenta-se para que se instale o necessário debate.

Referências

ANASTÁCIO, M. Q. A. *Três ensaios numa articulação sobre a racionalidade, o corpo e a Educação Matemática*. 1999, 246 f. Tese (Doutorado em Educação) – Faculdade de Educação, Universidade de Campinas/UNICAMP, Campinas, 1999.

ARSAC, G. L'origine de la démontration: essai d'épistemologie didactique. *Récherches en Didactique des Mathématiques*, Grenoble-França-FR: Pensee Sauvage, v. 8, n.3, 1987.

AUDI, R. (Ed.). *The Cambridge Dictionary of Philosophy*, 2. ed. Cambridge: Cambridge University Press, 1999.

AYRES, A. J. *The Problem of Knowledge*. Middlesex: Penguim Books, 1956.

AYRES, A. J. *Language, Truth and Logic*. New York: Dover Publications, Inc., 1952.

BALDINO, R. R. A interdisciplinaridade da Educação Matemática. *Didática*, São Paulo, v. 26/27, p. 109-121, 1991.

BICUDO, M. A. V. A contribuição da fenomenologia à educação. In: BICUDO, M. A. V.; CAPPELLETTI, I. (Orgs.). *Fenomenologia: uma visão abrangente da educação*. São Paulo: Olho D'Água, 1999b.

BICUDO, M. A. V. A Hermenêutica e o trabalho do professor de matemática. *Cadernos da Sociedade de Estudos e Pesquisa Qualitativos*, São Paulo: A Sociedade, v. 3, n. 3, p. 63-96. 1993.

BICUDO, M. A. V. (Org.) *Educação Matemática*. 4. ed. São Paulo: Moraes, [19--].

BICUDO, M. A. V. *Fenomenologia: confrontos e avanços*. São Paulo: Cortez, 2000.

BICUDO, M. A. V. (Org). *Filosofia da Educação Matemática. Concepções e movimento*. Brasília: Plano Editora, 2003.

BICUDO, M. A. V. Filosofia da Educação Matemática segundo uma perspectiva fenomenológica. In: BICUDO, M. A. V. (Org). *Filosofia da Educação Matemática: Fenomenologia, concepções, possibilidades didático-pedagógicas.* São Paulo: Ed. Unesp, 2010. p. 23-48.

BICUDO, M. A. V. *Fundamentos éticos da Educação.* São Paulo: Autores Associados/ Cortez, 1982.

BICUDO, M. A. V. (Org.). *Pesquisa em Educação Matemática: concepções e perspectivas.* São Paulo: Editora Unesp, 1999a.

BICUDO, M. A. V. Pesquisa Qualitativa: significados e a razão que a sustenta. *Revista Pesquisa Qualitativa,* São Paulo. Ano 1, n. 1, p. 7-26, 2005.

BICUDO, M. A. V. Philosophy of Mathematical Education: a phenomenological approach. In: INTERNATIONAL CONGRESS ON MATHEMATICAL EDUCATION, 8th, 1996, Sevilha, *Proceedings...* Sevilha: S.A.E.M. Thales, July, 1996b.

BICUDO, M. A. V. Possibilidades de trabalhar a Educação Matemática na ótica da concepção heideggeriana do conhecimento. *Quadrante,* Lisboa, v. 5, n. 1, 1996a, p. 5-27

BICUDO, M. A. V. Sobre "A origem da Geometria". *Cadernos da Sociedade de Estudos e Pesquisa Qualitativos,* São Paulo: A Sociedade, v. 1, n. 1, p. 49-72. 1990.

BLAIRE, E. *Philosophy of Mathematics Education.* London: Institute of Education, University of London, 1981.

BORBA, M. C. Teaching Mathematics: Challenging the Sacred Cow of Mathematical Certainty. *The Clearing House,* Washington, v. 65, n. 6, p. 332-333, Jul./Aug. 1992.

BORBA, M. C.; SKOVSMOSE, O. A Ideologia da Certeza em Educação Matemática. In: SKOVSMOSE, O. *Educação Matemática Crítica*: a questão da democracia. Campinas-SP: Papirus, 2001. p. 127-148. (Coleção Perspectivas em Educação Matemática)

BORHEIM, G. A. *Introdução ao filosofar.* 4. ed. Porto Alegre: Globo, 1978.

BRAMELD, T. *Patterns of Educational Philosophy.* New York: Holt, Rinehart and Winston, 1971.

CASTORÍADIS, C. *As encruzilhadas do labirinto/I.* São Paulo: Paz e Terra, 1987.

D'AMBRÓSIO, U. Ethnomatemaitcs and its place in the history and pedagogy of Mathematics. *For the learning of Mathematics,* Montreal. v. 5, n. 1, p. 44-48. 1985.

D'AMBRÓSIO, U. *Etnomatemática.* São Paulo: Ática, 1990.

DANYLUK, O. S. *Alfabetização – as primeiras manifestações da escrita.* Porto Alegre: Sulina, 1998.

DANYLUK, O. S. *Alfabetização matemática.* 3. ed. Caxias do Sul: Ed. Universidade de Caxias do Sul, 1993.

DETONI, A. R. *Investigação acerca do espaço como modo de existência e da geometria que ocorre no pré-reflexivo.* 2000. 275 f. Tese (Doutorado em Educação Matemática) –

Instituto de Geociências e Ciências Exatas, Universidade Estadual Paulista/Unesp, Rio Claro, 2000.

ERNEST, P. *The Philosophy of Mathematics Education*. London: The Falmer Press, 1991.

ERNEST, P. Social Constructivism as a Philosophy of Mathematics. In: INTERNATIONAL CONGRESS ON MATHEMATICAL EDUCATION, 8th, 1996, Sevilha, *Proceedings...* Sevilha: S.A.E.M. Thales, July, 1996.

FEM – *Grupo de Pesquisa Fenomenologia da Educação Matemática*. Rio Claro. Disponível em: <www.sepq.org.br/fem>. Acesso em 14 dez. 2010.

FREUDENTHAL, H. *Didactical Phenomenology of Mathematics Structures*. Dordrecht: D. Riedel Publishing Co., 1983.

GADAMER, H. G. *Verdade e método – Traços fundamentais de uma hermenêutica filosófica*. 3. ed. Petrópolis, RJ: Editora Vozes, 1999.

GAFFIOT, F. *Dictionnaire Latin-Français*. Paris: Hachette, 1934.

GARNICA, A. V. M. A interpretação como reunificação: da possibilidade de intervenção na sala de aula de Matemática com base na análise de textos. *Didática*, São Paulo, v. 29, p. 101-113, 1993/94.

GARNICA, A. V. M. *A interpretação e o fazer do professor: possibilidade do trabalho hermenêutico na Educação Matemática*. 1992, 172 f. Dissertação (Mestrado em Educação Matemática) – Instituto de Geociências e Ciências Exatas, Universidade Estadual Paulista/Unesp, Rio Claro. 1992.

GARNICA, A. V. M. Considerações sobre a fenomenologia hermenêutica de Paul Ricoeur. *Trans/form/ação*, São Paulo, v. 16, p. 43-52. 1993.

GARNICA, A. V. M. Considerações sobre Hermenêutica e educação: alguns pressupostos teóricos sobre a possibilidade de um trabalho hermenêutico em sala de aula. *Mimesis*, Bauru, v. 14, n. 1, p. 07-24. 1993.

GARNICA, A. V. M. Da literatura sobre a prova rigorosa em Educação Matemática: um levantamento. *Quadrante*, Lisboa: Portugal, v. 5, n. 1, p. 29-60, ago. 1996.

GARNICA, A. V. M. Educação Matemática, paradigmas, prova rigorosa e formação do professor. BICUDO, M. A. V.; CAPPELLETTI, I. (Orgs.). *Fenomenologia: uma visão multifacetada*. São Paulo: Olho D'Água, 1999. p. 105-154.

GARNICA, A. V. M. É necessário ser preciso? É preciso ser exato? Um estudo sobre argumentação matemática ou uma investigação sobre a possibilidade de investigação. In: CURY, H. N. (Org.). *Formação de Professores de Matemática: uma visão multifacetada*. Porto Alegre: EDIPUCRS, 2001. p. 49-87.

GARNICA, A. V. M. *Fascínio da técnica, declínio da crítica: um estudo sobre a prova rigorosa na formação do professor de Matemática*. 1995. 258f. Tese (Doutorado em Educação Matemática) – Instituto de Geociências e Ciências Exatas, Universidade Estadual Paulista/Unesp, Rio Claro, 1995.

GILES, T. R. *Dicionário de filosofia: termos e filósofos*. São Paulo: EPU, 1993.

GRANGER, G. G. *Filosofia do estilo*. São Paulo: Perspectiva/EDUSP, 1974.

HANNA, G. *Rigorous proof in Mathematics Education*. Canadá: Ontario Institute for Studies in Education, 1983. (Curriculum series, 48)

HARIKI, S. *Analysis of Mathematical Discourse: multiple perspectives*. Tese (Doutorado em Filosofia) – University of Southampton, Inglaterra, 1992.

HEIDEGGER, M. *Discourse on Thinking*. New York: Harper & Row Publishers, 1966.

HEIDEGGER, M. *Ser e tempo*. Rio de Janeiro: Vozes, 1989.

HIGGINSON, W. On the Foundations of Mathematics Education. *For the Learning of Mathematics*, Montreal, n.1, 2, p. 3-7. 1980.

HIFEM – *Grupo de Pesquisa História e Filosofia da Educação Matemática*. UNICAMP. Dosponível em: <http://www.cempem.fae.unicamp.br/hifem>. Acesso em 7 dez. 2010.

HUSSERL, E. *Cartesian Medications an Introduction to Phenomenology*. The Hague: Martinus Nijhoff, 1977.

HUSSERL, E. *Ideas relativas a uma fenomenologia pura y uma filosofia fenomenologica*. México: Fondo de Cultura Economica, 1949.

HUSSERL, E. *The Crisis of European Sciences*. Evanston: Northwestern University Press, 1970.

IHDE, D. *Hermeneutic Phenomenology – The Philosophy of Paul Ricouer*. Evanston: Northwestern University Press, 1986.

JASPERS, K. *Introdução ao pensamento filosófico*. São Paulo: Cultrix, 1971.

JAEGER, W. *Paidea: a formação do homem grego*. 4. ed. Tradução de A. M. Parreira. São Paulo: Martins Fontes, 2001.

JAPIASSÚ, H.; MARCONDES, D. *Dicionário básico de filosofia*. Rio de Janeiro: Zahar, 1993.

KLINE, M. Logic versus Pedagogy. *The American Mathematical Monthly*, Washington, US, v. 77, n. 3, p. 264-282. 1970.

KLUTH, V. S.; ANASTÁCIO, M. Q. A. (Orgs.) *Filosofia da Educação Matemática – Debates e Confluências*. São Paulo: Centauro Editora, 2009.

KLUTH, V. S. *O que acontece no encontro sujeito-matemática?* 1996. 186 f. Dissertação (Mestrado em Educação Matemática) – Instituto de Geociências e Ciências Exatas, Universidade Estadual Paulista/Unesp, Rio Claro, 1997.

LAKATOS, I. *Pruebas y refutaciones: la lógica del descubrimiento matemático*. Madrid: Alianza Editorial, 1978.

LALANDE, A. *Dicionário técnico e crítico da filosofia*. São Paulo: Martins Fontes, 1993.

LAVALLE, P. O mito em Matemática. In: LUCCIONI, G. (Org.). *Atualidade do mito*. São Paulo: Duas Cidades, 1977.

LIVINGSTON, E. *A non-technical introduction to ethnometodological investigations of the foundations of Mathematics through the use of a theorem of euclidean geometry*. Ethnometodological foundations of Mathematics. London: Routledge & Kegan Paul, 1996.

MARTINS, J.; BICUDO, M. A. V. *Estudos sobre existencialismo, fenomenologia e educação*. São Paulo: Moraes, 1983.

MARTINS, J. *Um enfoque fenomenológico do currículo: educação como poiéses*. São Paulo: Cortez, 1992. 142p.

MENEGHETTI, R. C. G. (Org). *Educação Matemática – Vivências Refletidas*. São Paulo: Centauro Editora, 2006.

MERLEAU-PONTY, M. *Fenomenologia da percepção*. São Paulo: Martins Fontes, 1994.

MERLEAU-PONTY, M. *O primado da percepção e suas consequências filosóficas*. Campinas: Papirus, 1990.

MORA, J. F. *Dicionário de Filosofia*. São Paulo: Loyola, 2000. (Tomos I e II).

MOURA, C. A. R. *Crítica da razão na fenomenologia*. São Paulo: EDUSP/Nova Stella, 1989.

OTTE, M. *O Formal, o social e o subjetivo – uma introdução à filosofia e à didática da matemática*. Tradução de NETO, R. F.; NEELEMAN, W.; GARNICA, A. V. M.; BICUDO, M. A. V. São Paulo: Ed. Unesp, 1993

PALMER, R. *Hermenêutica*. Lisboa: Edições 70, 1986.

PLATÃO. *Defesa de Sócrates*. São Paulo: Abril S.A. Cultural e Industrial, 1991. p. 9-34. (Coleção "Os Pensadores": livro II).

RICOEUR, P. *Du text à l'action: essais d'hermeneutique II*. Paris: Seuil, 1986.

RICOEUR, P. *O conflito das interpretações: ensaios de hermenêutica*. Porto: Rés, 1988.

RICOEUR, P. *Teoria da interpretação*. Lisboa: Edições 70, 1987.

RUSSELL, B. *Introdução à Filosofia da Matemática*. Rio de Janeiro: Zahar, 2007.

SILVA, M. R. G. *Concepções didático-pedagógicas do professor-pesquisador em Matemática e seu funcionamento na sala de aula de Matemática*. 1993. 246 f. Dissertação (Mestrado em Educação Matemática) – Instituto de Geociências e Ciências Exatas, Universidade Estadual Paulista/Unesp, Rio Claro, 1993.

SILVA, J. J. *Filosofias da Matemática*. São Paulo: Ed. Unesp. 2007

SKOVSMOSE, O. *Towards a Philosophy of Critical Mathematics Education*. Aalborg: Aalborg University Centre, 1993.

SKOVSMOSE, O. *Educação crítica. Incerteza, Matemática, Responsabilidade*. Tradução de M. A. V. Bicudo. São Paulo: Cortez Editora, 2007.

SKOVSMOSE, O. *Travelling Through Education: Uncertainty, Mathematics, Responsibility*. Rotterdam: Sense Publishers, 2005.

STEINER, G. *Linguagem e silêncio: ensaios sobre a crise da palavra*. São Paulo: Cia das Letras, 1988.

ZANER, R. M. *The Way of Phenomenology. Criticism as a Philosophical Discipline*. Indianopolis: Bobbs Merril, 1970.

Outros títulos da coleção
Tendências em Educação Matemática

Afeto em competições matemáticas inclusivas – A relação dos jovens e suas famílias com a resolução de problemas
Autoras: *Nélia Amado, Susana Carreira, Rosa Tomás Ferreira*

Brincar e jogar – enlaces teóricos e metodológicos no campo da Educação Matemática
Autor: *Cristiano Alberto Muniz*

Descobrindo a Geometria Fractal – Para a sala de aula
Autor: *Ruy Madsen Barbosa*

Educação a Distância *online*
Autores: *Marcelo de Carvalho Borba, Ana Paula dos Santos Malheiros, Rúbia Barcelos Amaral*

Lógica e linguagem cotidiana – Verdade, coerência, comunicação, argumentação
Autores: *Nílson José Machado e Marisa Ortegoza da Cunha*

A matemática nos anos iniciais do ensino fundamental – Tecendo fios do ensinar e do aprender
Autoras: *Adair Mendes Nacarato, Brenda Leme da Silva Mengali, Cármen Lúcia Brancaglion Passos*

Álgebra para a formação do professor – Explorando os conceitos de equação e de função
Autores: *Alessandro Jacques Ribeiro, Helena Noronha Cury*

Análise de erros – O que podemos aprender com as respostas dos alunos
Autora: *Helena Noronha Cury*

Aprendizagem em Geometria na educação básica – A fotografia e a escrita na sala de aula
Autores: *Cleane Aparecida dos Santos, Adair Mendes Nacarato*

Da etnomatemática a arte-design e matrizes cíclicas
Autor: *Paulus Gerdes*

Diálogo e aprendizagem em Educação Matemática
Autores: *Helle AlrØ e Ole Skovsmose*

Didática da Matemática – Uma análise da influência francesa
Autor: *Luiz Carlos Pais*

Educação Estatística - Teoria e prática em ambientes de modelagem matemática
Autores: *Celso Ribeiro Campos, Maria Lúcia Lorenzetti Wodewotzki, Otávio Roberto Jacobini*

Educação Matemática de Jovens e Adultos – Especificidades, desafios e contribuições
Autora: *Maria da Conceição F. R. Fonseca*

Etnomatemática – Elo entre as tradições e a modernidade
Autor: *Ubiratan D'Ambrosio*

Etnomatemática em movimento
Autoras: *Gelsa Knijnik, Fernanda Wanderer, Ieda Maria Giongo, Claudia Glavam Duarte*

Fases das tecnologias digitais em Educação Matemática – Sala de aula e internet em movimento
Autores: *Marcelo de Carvalho Borba, Ricardo Scucuglia Rodrigues da Silva, George Gadanidis*

Formação matemática do professor – Licenciatura e prática docente escolar
Autores: *Plinio Cavalcante Moreira e Maria Manuela M. S. David*

História na Educação Matemática – Propostas e desafios
Autores: *Antonio Miguel e Maria Ângela Miorim*

Informática e Educação Matemática
Autores: *Marcelo de Carvalho Borba, Miriam Godoy Penteado*

Investigações matemáticas na sala de aula
Autores: *João Pedro da Ponte, Joana Brocardo, Hélia Oliveira*

Matemática e arte
Autor: *Dirceu Zaleski Filho*

Outros títulos da coleção

Modelagem em Educação Matemática
Autores: *João Frederico da Costa de Azevedo Meyer, Ademir Donizeti Caldeira, Ana Paula dos Santos Malheiros*

O uso da calculadora nos anos iniciais do ensino fundamental
Autoras: *Ana Coelho Vieira Selva e Rute Elizabete de Souza Borba*

Pesquisa em ensino e sala de aula – Diferentes vozes em uma investigação
Autores: *Marcelo de Carvalho Borba, Helber Rangel Formiga Leite de Almeida, Telma Aparecida de Souza Gracias*

Pesquisa Qualitativa em Educação Matemática
Organizadores: *Marcelo de Carvalho Borba, Jussara de Loiola Araújo*

Psicologia na Educação Matemática
Autor: *Jorge Tarcísio da Rocha Falcão*

Relações de gênero, Educação Matemática e discurso – Enunciados sobre mulheres, homens e matemática
Autoras: *Maria Celeste Reis Fernandes de Souza, Maria da Conceição F. R. Fonseca*

Tendências internacionais em formação de professores de Matemática
Organizador: *Marcelo de Carvalho Borba*

Este livro foi composto com tipografia Minion Pro e
impresso em papel Off-White 70 g/m² na gráfica Artes Gráficas Formato